积极心理学视野下的宽恕研究

卢 颖◎著

江西科学技术出版社
江西·南昌

图书在版编目（CIP）数据

积极心理学视野下的宽恕研究/卢颖著. -- 南昌：江西科学技术出版社, 2024.12. -- ISBN 978-7-5390-9426-7

Ⅰ.B848

中国国家版本馆CIP数据核字第2024YX6680号

积极心理学视野下的宽恕研究

JIJI XINLIXUE SHIYEXIA DE KUANSHU YANJIU

卢颖 著

出版发行	江西科学技术出版社
社址	南昌市蓼洲街2号附1号
	邮编：330009　电话：（0791）86623491　86639342（传真）
印刷	江西骁翰科技有限公司
经销	全国新华书店
开本	710 mm×1000 mm　1/16
字数	160千字
印张	11
版次	2024年12月第1版
印次	2024年12月第1次印刷
书号	ISBN 978-7-5390-9426-7
定价	68.00元

国际互联网（Internet）地址：http://www.jxkjcbs.com　选题序号：ZK2024227　赣版权登字：-03-2024-453

责任编辑：郭绪书　　装帧设计：熊琴芳

版权所有　侵权必究

（赣科版图书凡属印装错误，可向承印厂调换）

序 言

随着积极心理学的蓬勃发展及其研究领域的不断深化，宽恕作为其核心议题之一，其学术意义与实践价值日益受到重视，并得到了心理学界的普遍认可。宽恕被视为个体不可或缺的积极品质，犹如一把开启心灵之门的钥匙，能将过往负面经历转化为积极情感体验。宽恕通常指个体在面对伤害或冒犯时，能够放弃怨恨、愤怒等负面情绪，以和解、宽容的心态来面对的能力。积极心理学的基本主张是心理学不应仅仅关注人类心理的缺陷与障碍，而应更多地关注人性中的光辉面——美德与优势，通过对这些积极特质的发掘与培养，帮助个体实现更真实的幸福与更美好的人生。

宽恕，作为一个深刻影响人类整体福祉与核心价值的议题，近年来在学术界崭露头角，尤其在心理学界引发了广泛且深入的关注与探讨。宽恕，是一种蕴含亲社会性与利他特性的高尚美德，是一种正向美德。它意味着个体以宽广的胸怀接纳他人的过错，是一种主动的善行，体现为主动放下怨恨，给予他人改过的机会；它甚至可以上升到对错误源的爱和感激，这种爱并非盲目，而是基于对人性的理解与包容。

宽恕被视为应对现实生活中负面因素的一种建设性方式、一种正面取向、一种主动抉择、一种有效策略以及一种积极的道德情感体验。总之，当我们遭遇伤害时，选择宽恕，便是选择了一种积极面对的姿态。它让我们不再被过去的伤害所束缚，不再深陷于愤怒与痛苦的泥沼中。宽恕是一种神奇的力量，它能够帮助我们走出困境，恢复内心的平静与和谐。

被誉为"宽恕研究之父"的美国心理学家罗伯特·恩莱特明确指出，"宽恕是一种'人类长期的智慧',可以有效提升个体生命的价值,具有转化生命的力量"(Enright,2001)。基于积极心理学理念的宽恕研究,能让我们明白,宽恕不仅仅是对他人的宽容,更是对自己的救赎,是通往幸福人生的必经之路。

目　　录

第1章　积极心理学述评 ……………………………… 1

1.1　积极心理学的内涵 …………………………… 1
1.1.1　积极的情绪体验 ………………………… 2
1.1.2　积极的人格特质 ………………………… 4
1.1.3　积极的组织系统 ………………………… 6
1.2　积极心理学国外研究现状 …………………… 9
1.3　积极心理学国内相关研究 …………………… 18

第2章　积极心理学相关理论与技术 ………………… 25

2.1　积极心理学相关理论 ………………………… 25
2.1.1　积极情绪的拓展与构建理论 …………… 25
2.1.2　解释风格理论 …………………………… 26
2.1.3　自我决定理论 …………………………… 27
2.1.4　心流理论 ………………………………… 30
2.2　积极心理学相关技术 ………………………… 35
2.2.1　积极心理教练技术 ……………………… 35
2.2.2　积极赋义技术 …………………………… 36
2.2.3　感恩练习 ………………………………… 37

第3章 宽恕述评 39

3.1 宽恕的发展 39
3.1.1 宽恕的提出 39
3.1.2 宽恕的概念 40
3.1.3 宽恕的国外研究现状 41
3.1.4 宽恕的国内研究现状 41

3.2 宽恕的模型 42
3.2.1 类型模型 43
3.2.2 发展模型 43
3.2.3 任务-阶段模型 45

3.3 宽恕的研究方法 45
3.3.1 问卷法 46
3.3.2 叙事法 52
3.3.3 故事法 53
3.3.4 实验法 53

3.4 宽恕的影响因素 54
3.4.1 冒犯者 55
3.4.2 冒犯事件 56
3.4.3 受害者 56

3.5 宽恕的分类 62
3.5.1 自我宽恕 62
3.5.2 人际宽恕 64
3.5.3 寻求宽恕 65

3.6 宽恕的相关研究 66
3.6.1 宽恕与幸福感的研究 66

  3.6.2 宽恕与心理健康的研究 ·················· 68
  3.6.3 宽恕与攻击行为的研究 ·················· 70
  3.6.4 宽恕与同伴关系的研究 ·················· 71
  3.6.5 宽恕与反刍思维的研究 ·················· 71
  3.6.6 宽恕干预的研究 ······················ 72

第4章 《大学生宽恕量表》修订 ················ 74

 4.1 研究目的 ····························· 74
 4.2 研究意义 ····························· 74
  4.2.1 理论意义 ························· 74
  4.2.2 实践意义 ························· 75
 4.3 研究内容 ····························· 75
  4.3.1 初步构建宽恕量表结构 ·················· 75
  4.3.2 修订《大学生宽恕量表》 ················· 75
 4.4 研究方法 ····························· 75
  4.4.1 文献分析法 ························ 76
  4.4.2 问卷调查法 ························ 76
  4.4.3 访谈法 ·························· 76
  4.4.4 统计分析法 ························ 77
 4.5 预测问卷修订 ·························· 77
 4.6 预测 ······························· 78
  4.6.1 施测 ··························· 78
  4.6.2 统计方法 ························· 78
  4.6.3 项目分析 ························· 78
  4.6.4 探索性因素分析 ····················· 80

4.7 问卷的再测 ·· 83
  4.7.1 施测 ·· 83
  4.7.2 统计方法 ·· 83
  4.7.3 信度分析 ·· 83
  4.7.4 效度分析 ·· 84
4.8 分析与讨论 ··· 90
  4.8.1 创新 ·· 90
  4.8.2 总结与展望 ·· 90
4.9 结论 ··· 93

第5章 宽恕对幸福感的影响研究 ································ 94
5.1 研究目的 ·· 94
5.2 研究问题与假设 ·· 94
5.3 研究意义 ·· 95
  5.3.1 理论意义 ·· 95
  5.3.2 实践意义 ·· 96
5.4 研究对象 ·· 96
5.5 研究内容 ·· 97
  5.5.1 调研大学生宽恕状况 ··· 97
  5.5.2 比较两个群体在幸福感上的差异 ························ 97
  5.5.3 研究宽恕对幸福感的影响 ·································· 97
5.6 研究工具 ·· 98
  5.6.1 自编一般问卷 ··· 98
  5.6.2 修订的《大学生宽恕量表》 ······························· 98
  5.6.3 《综合幸福感问卷》 ··· 99
  5.6.4 《社会幸福感问卷》 ··· 101

5.7 研究方法 …… 102
 5.7.1 文献分析法 …… 102
 5.7.2 问卷调查法 …… 102
 5.7.3 访谈法 …… 103
 5.7.4 统计分析法 …… 103

5.8 研究结果 …… 104
 5.8.1 宽恕总体状况 …… 104
 5.8.2 两个群体宽恕状况 …… 105
 5.8.3 两个群体宽恕的比较研究 …… 107
 5.8.4 两个群体幸福感的比较研究 …… 108
 5.8.5 宽恕与幸福感的关系研究 …… 109

5.9 分析与讨论 …… 113
 5.9.1 宽恕总体状况 …… 113
 5.9.2 两个群体的宽恕状况 …… 116
 5.9.3 两个群体宽恕的比较研究 …… 119
 5.9.4 两个群体幸福感的比较研究 …… 120
 5.9.5 宽恕与幸福感的关系研究 …… 121

5.10 总结与启示 …… 124
 5.10.1 研究结论 …… 124
 5.10.2 研究创新性 …… 125
 5.10.3 研究局限与展望 …… 126

第6章 积极心理学视野下宽恕心理的提升策略 …… 128

6.1 塑造良好心态，增加积极的情绪体验 …… 130
 6.1.1 主动学习知识，树立乐观的处事态度 …… 130
 6.1.2 注重心理干预，强化宽恕行为 …… 132

  6.1.3　搭建服务平台，增强自我价值感 …………………… 133

  6.1.4　记录宽恕行为，探寻积极的情绪体验 ………………… 134

 6.2　发掘优秀品质，培育积极的人格特质 ……………………… 135

  6.2.1　加强中国传统文化教育，树立正确的宽恕观 ………… 136

  6.2.2　积极弘扬正能量，强化人文关怀机制 ………………… 137

  6.2.3　开展宽恕主题活动，优化自我认知 …………………… 139

 6.3　创新家校社共育机制，构建积极的支持系统 ……………… 142

  6.3.1　以家庭教育为基础，营造良好的教育氛围 …………… 143

  6.3.2　以学校教育为主导，健全学生工作体系 ……………… 145

  6.3.3　以社会教育为依托，深化教育成果 …………………… 146

结　　语 ………………………………………………………………… 149

主要参考文献 …………………………………………………………… 151

附　　录 ………………………………………………………………… 155

第1章 积极心理学述评

1.1 积极心理学的内涵

2000年，马丁·塞利格曼在《美国心理学家》上发表《积极心理学导论》，正式宣布了积极心理学的诞生。积极心理学的诞生顺应了科学取向心理学和人文取向心理学走向融合的趋势，满足了时代的需求和呼唤。积极心理学是继人本主义心理学之后心理学领域的又一次革命，它继承并超越了人本主义心理学对人的积极因素的强调。积极心理学认为，心理学的目的并不仅仅在于解决个体心理或行为上的问题，而是应该把自己的工作重心放在研究和培养人固有的积极潜力上，通过培养或发掘人类的美德，如爱、宽恕、感激、乐观等积极力量，使之成为真正健康并生活幸福的人。积极心理学作为一种新理念、新思想、新行动、新技术，一经问世便迅速引起了心理学界的广泛关注。随着时间的推移，它逐渐壮大，发展成为一场全球性的心理学运动，引领着国际潮流的新方向。

作为一门新兴学科，积极心理学在其理论体系的建设上尚处于成长阶段，仍需不断深化和拓展。与传统心理学研究领域相比，积极心理学更强调关注人们的积极情绪和积极心态。有学者提出，积极心理学是致力于研究人的发展潜力和美德等积极品质的一门科学（Sheldon et al., 2001）。其中，"积极"主要包括三个层面的含义：一是区别于消极心理学，强调心理学应关注积极方面；二是直接研究人们心理的积极方面；三是强调用积极的方式对心理问题做出解释和干预，并最终获得积极的意义。

积极心理学作为心理学的一个重要发展趋向，正在以一种全新的样态展现在学术界面前。它转变了人们对心理学的传统认识（过去仅将心理学看作治疗心理疾病和解决心理问题的工具），引领人们尝试将注意力集中于进取、积极和乐观的心态和品质。积极心理学提出了诸多前沿的理论观点，其目的在于提升生活品质以及预防身心疾病。

积极心理学研究内容十分广泛，主要从三个层面进行研究。第一，主观层面。研究积极的情绪体验，强调人要幸福而满意地回忆过去、快乐而充盈地感受当下以及现实而乐观地憧憬未来。前两种形式主要表现为感官愉悦和心理享受。第二，个体层面。马丁·塞利格曼通过对性格力量的筛选和划分，得出了二十四种优秀品质和六大美德。积极的人格特质得以实现的两个途径：一是增强积极的情绪体验，二是培养良好的自尊。第三，群体层面。研究积极的组织系统，包括建立和谐的家庭、有效能的学校、有社会责任感的媒体和安定有序的社会等，使公民具有责任感和利他主义的美德。积极心理学认为，人的经验的形成与其所处的环境是密不可分的。

1.1.1 积极的情绪体验

情绪是内心的主观体验，是个体对外界刺激作出的心理反应。在积极心理学的研究领域中，积极的情绪体验占据着核心地位，强调其对个体行为及倾向的积极影响。积极的情绪体验在增进个体心理健康及促进社会和谐方面扮演着重要角色。关于积极情绪的定义与分类，学界存在多种观点，但其核心通常涵盖诸如幸福、快乐、满意及振奋等正面情感。

幸福感是积极情绪体验的核心组成部分，也是许多人生活追求的重要目标之一。幸福感不仅仅局限于短暂的情感体验，更是一种长期的生活满足感。它能够激励个体挖掘自身潜力，向更高目标迈进。研究表明，幸福感与个体的心理健康、社会适应能力以及生活质量密切相关。拥有较高幸福感的个体往往表现出更强的抗压能力和更积极的生活态度。

快乐作为积极情绪体验的关键构成，对个体的心理倾向与价值判断具有深远影响。它引导个体倾向于采纳积极的行为模式与思维方式，从而对生活产生正面效应。然而，这种快乐对个体认知及行为的影响往往是微妙且不易被察觉的，个体可能并未意识到这种潜在的心理机制。例如，处于快乐状态的人往往展现出更为积极乐观的心态，能够构建融洽的人际关系；而长期缺乏快乐的人可能更易陷入孤独之中。

满意能够让个体享受过去与现在，在生活中获得满足感。满意不仅与个体的生活历程紧密相连，还受到其认知与评价的影响。比如，一些老年人由于对生活经历感到满足，当他们回顾一生时，虽历经坎坷，但内心还是很平和、幸福。对生活满意度高的个体通常能够更好地应对生活的挑战，在逆境中保持乐观态度。持有乐观态度能够增强个体的心理承受力，让他们在遭遇挑战时更加自信且泰然自若。

振奋，被国外学者称为"自我超越情绪"，是一种能够激励个体追求更高道德水准的情感体验。振奋促使个体不断努力，以达到与他人一样的高尚品德与道德境界。这种情绪不仅能够提升个体的自我价值，还能推动其社会责任感的发展。比如，一些志愿者，他们在帮助他人的过程中感受到了振奋这种情绪，从而更加坚定地投身于公益事业，不断提升自己的道德修养。此外，积极的情绪体验并不局限于正向情绪，也包括中性情绪，如兴趣等。兴趣能够点燃个体内心的好奇心，激发其探索未知的渴望，并推动他们积极主动地寻求新鲜体验与知识积累。兴趣不仅是推动学习与创新的内在驱动力，也是个体实现全面发展与自我超越的关键路径。比如，众多科学家之所以能够坚持不懈地在特定领域内精耕细作，为人类社会的进步贡献力量，往往源自他们对该领域浓厚的兴趣与热爱。

积极的情绪体验不仅表现为生理上的愉悦感受，还体现于个体在自我成长过程中所获得的深层次内在价值感。这种内在的价值认同感有助于个体在社会环境中确立自身位置，进而实现个人价值的最大化。在医疗健康领域，积极的情绪状态对病人的身心健康有积极的影响。维持一个积极的情绪状态，能够激励病人积极参与康复过程，同时增强他们面对疾病挑战时的韧性与应对能力。研究表明，当遭遇压力情境时，保持积极情绪状态的个体往往具有较低的患病风险。此外，积极的情绪状态能够提升病患对医疗治疗的依从性，激励他们更加主动地参与体育锻炼与康复训练，进而有助于加快康复进程。

综上所述，积极情绪体验在个体的心理福祉、社会融入及整体生活质量方面发挥着举足轻重的作用。对积极情绪体验的研究与应用，有助于我们更全面地洞察人类情感与行为的复杂面貌，推动个体与社会朝着更加健康的方向发展。此外，积极情绪的应用为心理健康干预措施及疾病治疗方案的制订开辟了新的视角与途径。

1.1.2 积极的人格特质

人格特质是指个体在认知、情感、行为等多个方面相互作用所呈现的稳定特质。传统心理学研究往往更侧重于探讨人格特质的消极方面，如贪婪、自私、压抑等，而忽略了人格特质的积极方面，例如自信、希望等。这种研究可能难以充分展现人类心理的丰富性和多维性。积极心理学对传统心理学的研究范畴提出了挑战，它主张心理学研究不应仅仅聚焦于问题的解决与缺陷的弥补，而应更多地着眼于个体的积极面向，挖掘并发挥其内在的潜能。积极心理学倡导重视个体积极的人格特质，认为关注积极的人格特质才能有效解决和消除问题，帮助个体获得自我的不断完善。举例来说，增强自信能够提升个体的自我效能感，使其在遭遇困境时更为坚韧不拔；激发希望则能够点燃个体对未来的憧憬与追求，为其提供不竭的动力源泉。

积极的人格特质理论是构成积极心理学理论体系的关键一环，其核心理念可追溯至心理学家马丁·塞利格曼的早期探索。马丁·塞利格曼通过标志性的"习得性无助"实验揭示，动物在反复置身于无法逃避的负面刺激情境后，即便后续有机会逃脱，也会表现出放弃与无助的行为模式。这一心理现象在人类活动中同样适用：个体在连续尝试某项任务或活动时遭遇挫败，可能会对此类情境产生习得性无助，进而丧失信心与动力。这一发现促使马丁·塞利格曼深入思考如何引导个体克服无助感，转而培养积极的心理状态与人格特质。因此，积极心理学引入了"习得性乐观"的理念，着重指出个体能够通过学习与锻炼培养出乐观的心态，进而提升应对挑战的能力。例如，借助认知重构技术，个体能学会从正面视角审视问题，将失败视作成长的契机而非终结。此外，积极心理学还鼓励培养希望、感恩、韧性等积极的人格特质，助力个体在社会环境中明确自我定位，实现个人价值最大化。

在积极心理学领域中，提倡研究积极的人格特质的主要目的在于唤醒人类对积极力量的关注，形成积极的人生观。积极的人格特质并非单一因素作用的结果，而是多种因素共同作用的产物。这些因素既包括先天的遗传基础，也涵盖后天的个人思想、社会环境以及文化背景的深刻影响。通过培养和强化这些积极的人格特质，个体能够显著提升自身的幸福感、生活满意度以及抗逆能力，从而为迈向更加积极、充实的生活奠定坚实的基础。积极心理学家指出，积极的人格特质的塑造并非偶然，而是通过持续激发和增强个体的现有能力及潜在能力而逐步达成的。当某种能力经过长期的实践和积累，逐渐内化为个体的行为模式，成为一种自然而然的习惯时，积极的人格特质便得以形成。这些特质不仅显现于个体的思维、情绪及行动层面，而且能够有效助力个体在面对生活挑战时维持积极的心态。马丁·塞利格曼和数名科学家通过大量的研究，提出了积极力量的行为评价系统。这个系统以智慧和勇气为核心，兼顾仁爱、正义、节制、卓越等多种美德。具体而言，智慧不仅包括智力，还涵盖了好奇心、创造力、开放的思想、好学精神以及广阔的视野；勇气不仅体现在外在的行为上，还体现在勇敢、坚持不懈和热情等内在品质上；仁爱则表现为友善、爱和社会智能；正义体现在公平、领导力和团队精神中；节制包括宽恕、谦虚、谨慎和自律；而卓越则表现为敬畏、感恩、希望、幽默感和精神性。这些积极的个性特征与美德不仅为个体的成长与发展指明了方向，也为社会的和谐与进步增添了动力源泉。通过培育与强化这些特质，个体能在多变的社会环境中明确自身定位，实现个人价值的最大化。同时，这些特质也为心理学领域的探索与实践开辟了新的视野与路径，有助于人们更深入地理解人类心理的复杂性，从而推动个体与社会的全面进步与发展。

综上所述，对积极的人格特质的研究与应用不仅对个人实现心理健康与幸福感至关重要，也为促进社会的和谐与进步提供了坚实的理论基础与实践指引。通过积极发掘和培养这些特质，我们能更有效地协助个体克服生活中的难关，成就更加丰富多彩且有意义的人生旅程。

1.1.3 积极的组织系统

积极心理学领域的探索揭示，尽管基因在构建个体的积极情绪体验及塑造积极人格特质上扮演着关键角色，但这些特质的发展与形成并非单纯由基因主宰，外部环境同样对其产生了深远的影响。个体的经验往往是在特定的环境中习得的，而这些经验又会反过来以某种方式影响其所处的环境。因此，积极心理学高度重视构建积极的组织生态系统。在这样的环境中，个体能够得到鼓舞与支持，进而充分挖掘并发挥自身潜能，实现个人价值的最大化。一个积极的组织氛围不仅能为个体提供成长与发展的广阔舞台，还能显著提高个体的幸福感、职业满意度及创新能力。例如，在充满信任、尊重与扶持的团队氛围中，员工更容易拥有获得感与成就感，从而更加主动地承担责任并追求卓越。这样的环境不仅有助于个体形成诸如乐观、坚韧及团队协作精神等积极的人格特质，还能增强其面对压力与挑战的应对能力。积极的组织系统研究专注于探寻如何营造一个积极向上的工作环境，以提升组织的整体效能并增进员工的福祉。此类系统不仅是员工获取积极情绪体验的关键所在，更是其培育积极人格特质的基石。例如，通过构建开放透明的沟通渠道、公正合理的激励机制以及包容性的文化氛围，组织能够激发员工的积极性与创造力，进而推动组织的持续繁荣发展。

积极的组织系统可从宏观、中观及微观三个维度进行理解，每一个维度均在激发个体积极性、提升幸福感及增强组织效能方面发挥着举足轻重的作用。这三个维度相互交织、协同作用，共同构筑了一个积极向上、高效和谐的工作与生活环境，为个体成长与组织成功奠定了坚实的基础。从宏观视角来看，正面的社会价值观与文化氛围是培养个体积极性的重要土壤。社会的主流价值观与文化环境深刻影响着个体的心理状态与行为模式。例如，一个推崇合作、包容与创新的社会文化环境能够激发个体的积极情绪与内在驱动力，使他们在面对困境时保持乐观与坚韧不拔。同时，宏观层面的政策支持与资源调配也为个体与组织的发展提供了坚实的后盾。例如，政府通过出台鼓励创新、维护公平竞争的政策，为个体与组织开辟了更广阔的发展空间，进而推动社会的整体进步。从中观层面分析，积极的组织文化与氛围是推动组织不断前行的核心驱动力。在微观层面，积极的人际互动与工作体验对个体的成长与幸福感具有关键作用。和谐的人际关系能够强化个体的自我效能感，使其感受到归属感与满足感，进而更加热情地投身于工作之中。例如，在充满信任的团队里，员工更乐于交流想法与分享资源，这样有助于提升工作效率及激发创新思维。同时，积极的工作环境，诸如清晰的目标规划、适度的挑战设置以及及时的绩效反馈，均能激发员工的内在动力，使他们在工作中找到意义与价值所在。这三个层面——宏观的社会价值观导向、中观的组织文化氛围及微观的人际互动模式，彼此关联、互为助力，共同塑造了一个积极、高效且充满幸福感的工作与生活场景。在此环境中，个体不仅能享受到身心的愉悦，还能激发创新潜能，且在应对压力与挑战时展现出更为积极的个性特征，如乐观态度、坚韧精神及合作精神等。举例而言，员工在积极的组织系统中工作，可能更倾向于探索新颖的解决方案，并在团队中发挥引领作用，从而提升工作成效与整体幸福感。相反，个体处于不利环境中，比如缺乏支持的组织文化或处于紧张的人际关系网中，他们可能更易陷入消极情绪，其积极性与创新能力也会受到遏制。例如，在高压与激烈竞争并存的工作环境中，员工可能会感到焦虑与疲惫，进而影响工作效率与心理健康。因此，构建积极的组织系统对于个体的全面发展及幸福感而言至关重要。通过优化宏观、中观及微观层面的环境条件，组织能够为个体提供更多的扶持与机遇，助力个体实现自我价值，同时推动组织的持续繁荣，不仅能够增进个体的幸福感与工作满意度，还能为社会的和谐与进步贡献力量。

目前，学者对于积极的组织系统的研究也取得了很多重要的研究成果。有学者发现，个体的生活环境与其心理防御机制的形成密切相关。具体而言，积极的环境更有利于个体形成积极的心理防御机制，这种心理防御机制是每个人都有的，它能帮助我们对抗生活中的许多不如意，让内心保持平静。与那些消极的心理防御机制（如对抗、逃跑等）相比，积极的心理防御机制有助于个体采取更加有效的应对策略，这些策略包括利他、幽默、抑制、升华、预期等。有学者研究发现，防御机制的成熟度并非由个体的社会地位、教育水平或智力高低所决定，而是与其生活的环境系统紧密相关（Vaillant，2000）。

总而言之，积极心理学的核心理念可以归纳为三大要素：积极的情绪体验、积极的人格特质以及积极的组织系统。这三大要素相互关联、相互促进，共同构成了一个协同发展的框架，为个体的全面发展和幸福生活提供了坚实的支持。积极的体验是影响个体生活最直接的一个因素。个体每天都会因各种外在刺激而产生不同的体验，如何使这些体验成为个体成长的助力而非绊脚石，就成为积极情绪体验领域研究的重要课题。这些积极的情绪体验不仅即时提升了个体的幸福感，更为其长远的人格发展奠定了坚实的基础。在塑造积极的人格特质的过程中，个体所经历的积极情绪体验占据着至关重要且不可替代的地位。它们如同滋养心灵的甘露，促使个体形成乐观、坚韧、自信等积极品质，这些品质反过来又增强了个体面对生活挑战的能力。同时，积极的组织系统也是不可或缺的一环。它涵盖了家庭、学校、工作场所和社会环境等多个层面，这些环境通过营造支持、鼓励和理解的氛围，促进个体积极情绪的产生和积极人格的塑造。一个积极的组织系统能够激发个体的潜能，增强其归属感和社会参与度，从而为个体的全面发展创造有利条件。长期、稳定的积极情绪体验并不意味着妥协或纵容，也不代表默默承受他人施加的痛苦，而是一种健康、建设性的心态，能够帮助个体更好地应对生活中的挑战与困难。这种心态在积极的组织系统支持下得以巩固和发展，使得个体能够在和谐、积极的环境中不断成长和进步。

1.2 积极心理学国外研究现状

在积极心理学这一新兴领域的探索征途中，国外学者对积极心理学开展了大量的研究，形成了较为成熟的理论框架，取得了丰硕的研究成果。

积极心理学的萌芽可以追溯到20世纪30年代，在这一时期，刘易斯·麦迪逊·推孟通过智力测量，探讨了天才和婚姻幸福感之间的联系。与此同时，瑞士心理学家卡尔·古斯塔夫·荣格则对生活意义进行了深入研究，这为积极心理学中"意义感"的研究提供了重要参考。这两位心理学家的贡献，不仅揭开了积极心理学的研究序幕，也为积极心理学的诞生奠定了重要基础。此后，二战爆发，在当时的时代背景下，战争时期及战后恢复时期心理学的主要任务已变成治愈战争创伤和精神疾患，没有人关心"幸福"的研究，致使积极心理学的研究进程受到了一定程度的阻碍，未能如预期般取得显著的进展，最终不得不暂时中断其深入探索的步伐。消极心理学在20世纪占据心理学研究的主导地位，直至埃里希·弗罗姆等所倡导的人文主义心理学派开始关注心理学的积极方面和个体的积极心理活动，创设了健康人格、积极互动、成长本能、高峰体验、自我实现等一系列研究主题，并将其应用于临床实践和心理咨询。这些研究主题为积极心理学的崛起奠定了良好的理论基础，使得积极心理学的思想开始传播。但这一时期的人本主义心理学家更侧重于提出思想洞见，相对缺乏科学论证和实证数据支持，因此并未形成基于实证研究的积极心理学。二战之后，美国经济开始繁荣发展，但人们的幸福感却没有明显提升，追求自由和幸福的生活成为时代主题。心理学界也不再只关注存在心理问题和心理疾病的人，而是将焦点转移到对幸福感的提升方面。社会背景的转变为积极心理学的诞生提供了契机。

"积极心理学"这个词最早起源于1954年亚伯拉罕·哈罗德·马斯洛的著作《动机与人格》（Motivation and Personality）中最后一章的标题"走向积极心理学"。真正将积极心理学理论系统化并付诸实践的是"积极心理学之父"——美国著名心理学家马丁·塞利格曼。马丁·塞利格曼明确指出，长久以来心理学发展的一个重要缺陷就是过分关注心理疾病的治疗，忽略了人本身所具备的积极特质，未来研究应多从积极心理学视角展开。1996年，马丁·塞利格曼任美国心理协会主席时将推动积极心理学发展作为最重要的使命之一，他对积极心理学的内涵、基本内容及研究方法等进行了一系列的探索，初步总结出了积极心理学的理论体系。1999年，在美国内布拉斯加州林肯市召开了第一次积极心理学高峰会议，马丁·塞利格曼、埃德·迪纳等人悉数到场，会议的主题是对积极心理学进行规范化，并推进成立国际积极心理学会的进程。同年，Templetion基金会设立"Templetion积极心理学奖"，以鼓励那些"最聪明的年轻人"投入对积极心理学的研究。

21世纪以来，积极心理学的理论逐渐完善，研究内容日益多样，学术成果不断丰富。2000年，马丁·塞利格曼和另一位积极心理学创始人米哈里·契克森米哈赖在《美国心理学家》杂志上发表了论文《积极心理学导论》，论文中明确指出积极心理学是致力于帮助人们发现并运用自身的内在能量，从而有效提升个人素质和生活品质。《积极心理学导论》是积极心理学里程碑式的著作，标志着积极心理学以全新的形态正式推出。此后，积极心理学迅速成为西方心理学史上一股强劲的潮流。2001年，《美国心理学家》杂志开设了"积极心理学"专栏，发表了积极心理学研究的相关文章，介绍了积极心理学研究的最新进展。同年，《人本主义心理学杂志》刊登了积极心理学主题的内容，文中探讨了积极心理学与人本主义之间的关系。2004年，在《现代心理学史》第八版中，美国心理学家舒尔茨把"积极心理学"称为当代心理学的最新进展之一。2006年，美国Routledge公司创办了《积极心理学杂志》，随后该杂志成为国际积极心理学学会的会刊。同时，该杂志的创刊也标志着积极心理学迈出了关键性的一步。2007年，国际积极心理学会正式成立，并于2009年在美国召开第一次会议。2016年7月，首届世界积极教育联盟成立大会（IPEN-FESTIVAL）在美国达拉斯市举行，来自40多个国家的近千名专家学者和教育工作者围绕"积极教育"这一新理念及其实践进行了深入的交流和探讨。

在心理学的广阔领域中，包括管理心理学、经济心理学、临床心理学、咨询心理学、人格心理学、健康心理学以及教育心理学等多个分支，如今都纷纷将研究焦点转向探索人类的积极心理特质。比如，美国著名心理学家弗雷德里克森主张管理心理学家应致力于培育组织成员的积极情绪，如自豪、满足和愉悦等。他认为，通过对积极情绪的培养，不仅可以显著优化组织成员的心理状态，使他们更加积极向上，而且能够通过员工之间的互动以及员工与顾客之间的交流，进一步推动整个组织氛围的积极转变。这种转变不仅能够增强组织的凝聚力，还有助于推动组织的兴旺和发展。在临床心理学领域，为了提高患者的生活质量并激发他们的积极行为，一些学者建议对环境进行重新设计与改造，并教导患者如何有效地管理和控制自身所处的环境及行为。这种做法旨在为患者创造一个更加积极、有利于康复的环境，同时帮助他们掌握必要的技能，以更好地应对生活中的挑战，从而激发其内在的积极能量和行动力。

积极心理学在国外教育领域得到了较高的关注，其理论成果层出不穷。传统的教育模式往往过分聚焦于学生的问题，而积极心理学则引导教育者将注意力转向学生的积极体验和积极品质。这一转变强调，教育的核心价值在于关注学生的真实感受，致力于营造一个能够激发学生内在潜能、培养创造力和适应能力的环境。如今，这一价值观正逐渐成为推动学生全面发展的核心教育理念。马丁·塞利格曼曾发表文章，提出了积极心理学应用于学校的若干建议，并指出了积极心理学现存的一些问题，提出 DNA-V 模型的干预措施（Seligman，2002）。国外一些国家已经将积极心理学纳入学校教育课程中，并且这一举措深受学生们的喜爱。1999 年，马丁·塞利格曼在宾夕法尼亚大学开设积极心理学课程，这在历史上是首次。2002 年，泰勒在哈佛大学开设的幸福课成为该校最受欢迎的选修课之一，选课人数刷新了历史纪录。听课人数由最初的几个人到后来的座无虚席，甚至超过了学校的王牌课程《经济学导论》，并且有部分同学向学校教学委员会反映，这门课"改变了他们的一生"。泰勒·本·沙哈尔博士凭借该课程成为哈佛大学最受学生欢迎的人生导师。2006

年，英国惠灵顿公学校长安东尼·塞尔登决定开设积极心理学课程，旨在提升学生的心理健康水平和幸福感。为此，他特别规定10、11年级的学生需每周参加一次专门的幸福课程，以确保学生们能系统地学习积极心理学理论。与哈佛大学的幸福课相比，英国惠灵顿公学开设的幸福课实践更加务实。美国的CASEL（Collaborative for Academic, Social, and Emotional Learning）协作组织针对幼儿园及中小学学生实施的213项对照实验结果显示，积极教育能够显著增强学生的社会交往技巧、情绪管理能力以及自我认知与自我控制能力。这一教育模式有效地减少了课堂干扰行为和校园欺凌事件，缓解了学生的学习压力和社交回避倾向。更重要的是，接受过积极教育的学生，其考试平均分相较于未接受此类教育的学生，高出了11个百分点。这个实验充分证明了积极教育在促进学生全面发展方面的显著成效。2009年，澳大利亚政府率先在吉朗文法学校开展积极教育课程项目，该课程关注学生的积极品质优势，充分激发学生的潜能，最终该校成为积极教育实践学校的楷模。澳大利亚吉朗文法学校的积极教育理念和教育方法引发其他学校争相学习模仿，积极教育理念也因此受到众多学者的关注。在2011—2017年，印度利用积极教育的理念，针对农村地区的3600名学生以及100多所住宿公立学校的11000名高度边缘化的女童，实施了包括"女童抗挫力计划"和"女孩优先"在内的多个项目。这些项目的实践结果有力地证明了积极教育在提升学生情绪复原力、自我效能感、社交与情绪资本、心理幸福感以及社会幸福感方面均展现出显著的积极效果。尽管在全球范围内越来越多的学校开始引入和开设积极心理学的相关课程，以促进学生全面发展，但仍有一些学校尚未将积极心理学列为教育课程。针对这种现象，有学者精心研发了一系列积极心理学的课程内容，这些课程内容是为那些想要教授积极心理学知识，但由于种种原因未能实现的教师设计的，同时也是为那些已经教授了积极心理学课程，但又想要将积极心理学主题引入其他心理学课程的教师设计的。一项针对积极学校教育的系统性研究揭示了其构成的六大核心要素，这些要素共同构成了积极教育环境的基石。首先，关怀、信任与尊重多样性是其价值要素的核心。其次，教育过程中的目标、计划与动机三者之间的互动关系，构成了积极学校教育的主体，即过程性要素。最后，学生的希望与社会贡献作为积极学校教育的成果体现，是其结果性要素的重要组成部分。

随着积极心理学的提出和发展，国外研究者对于积极心理的研究关注也在逐渐增加。马斯洛的需求层次理论，以其深刻的洞察力，将人类纷繁复杂的需求体系划分为五个层次：生理需求、安全需求、归属与爱的需求、尊重需求以及自我实现需求。这些需求揭示了从基本生存到精神超越的完整路径，为我们理解人类行为动机、追求幸福提供了有力的理论框架。在这个过程中，每一个需求的满足都是对幸福感的贡献，而幸福感的提升又成为推动人们不断追求更高层次需求的强大动力。目前在积极心理学领域中研究最多的是幸福感。学术界一般将幸福感界定为人们对于自身生活满意度的认知评价（Telia et al., 2006）。研究者普遍认为，个体在评估生活是否充满意义时所体验到的主观感受，构成了幸福感不可或缺的一部分。这种幸福感并非孤立存在的，而是深深根植于个体的认知框架与理解模式中的。也有研究者认为，幸福感与个体的认知和理解直接相关（Baumeister et al., 2018），个体会利用积极信息判断生命意义感（刘亚楠 等，2020）、降低抑郁情绪等（王健 等，2016）。幸福感这一复杂而多维度的概念，可细化为三大核心层面：主观幸福感、心理幸福感以及社会幸福感，它们共同构成了个体对幸福全面而深刻的体验。作为主观幸福感的先驱和代表，埃德·迪纳在1999年首次引入了主观幸福感的定义，他认为主观幸福感指的是个体对生活的认知评价和情感体验，即拥有较多的积极情绪、较少的消极情绪，以及对生活有较高的满意度。主观幸福感这一术语最早被应用于心理学领域，旨在评估个体内心世界的健康状态与精神面貌。近年来，主观幸福感影响力已跨越学科界限，成为经济学、社会学、哲学等众多学科争相探讨的重要议题。关于主观幸福感的构成，可以从三个维度来阐述，即认知评价、积极情感和消极情感。

认知评价即生活满意度，主要聚焦于个体对生活质量的全面认知和主观评价。认知评价不仅涵盖物质层面的满足，如经济状况、居住环境等，也涉及精神层面的满足，如人际关系、个人成长、成就感等。积极情感关注的是个体在日常生活中所体验到的正向情绪状态，包括高兴、愉悦、满足、积极等情绪体验，能提升个体的心理韧性和适应能力。消极情感与积极情感相对应，涉及的是个体对客观事物在情感上的负面体验，如悲伤、沮丧、郁闷、忧愁等。主观幸福感有三个核心特性：①主观性。这一特性强调主观幸福感是基于个体自身的内在标准和感受来评估的，而非依赖于外部标准或他人的评价，反映了个体对自己生活经历、情感体验和整体满意度的主观判断，因此具有高度的个人化和独特性。②稳定性。这一特性反映的是个体在较长时间段内对情感反应和情感认知的整合和评估，通常不会因环境或时间的变化而发生显著变化。③整体性。这一特性表明主观幸福感是一个综合指标，它在个体的认知、积极情感和消极情感等方面加以综合考量。心理幸福感倡导人们通过发掘并实现个人的内在潜能，形成自我完善的目标，并在这一过程中验证自身的价值，从而能够体验到更为深刻和持久的愉悦感。国外有关心理幸福感的研究主要体现在对其内涵和影响因素的研究。学者们通过深入的理论探讨与实证研究，为心理幸福感的内涵的界定提供了丰富的见解。华特曼将心理幸福感称为个人表现的幸福，指当个体全神贯注投入活动中时，展现真实自我，达到自我实现，并伴随着愉悦（Waterman，1993）的一种状态。有学者认为，心理幸福感主要指人的心理机能处于良好状态，这种状态是不以个人主观意志而改变的，并提出了心理幸福感的六维模型，分别是个人成长、自主性、与他人积极的关系、掌控环境、自我接纳和生活目标（Ryff et al.，1995）。有学者提出，心理幸福感主要包括动机及行为两个因素，并看重个人自我价值的实现和个人潜力的挖掘（Paul，

2019)。有学者指出，心理幸福感不仅包括自我潜能的实现，还包括个体与外界的联系。国外研究者积极探究心理幸福感的影响因素，并产生了大量的研究结果（Woodet et al.，2010）。有学者探讨了心理幸福感和外倾人格的关系（Zitaet et al.，2020）。2002年，马丁·塞利格曼提出了社会幸福感的概念，这一理论扩展了心理幸福感和主观幸福感的边界。他认为，要全面实现人生的价值，需要完全投入、积极情绪、意义和成就、良好的人际关系等。社会幸福感没有统一的定义，综合来看，其主要强调个体与社会的统一性，主要从心理学和社会学视角探索研究。从心理的视角，社会幸福感包含个体在社会中完成任务的信念感，以及感知自身工作的价值感与认同感，强调的是个体在社会领域中与他人、社会的关系及其联系的程度。有学者在研究社会幸福感时，将重点放在了社会适应的维度上，即个体与他人和社会组织等社会机构之间的关系程度，个体对于社会关系的满意度、社会角色扮演和环境适应程度。在探讨社会幸福感的结构时，国外学者的研究视角经历了一个从外部社会环境向更深层次的社会关系与社会价值转变的过程。在探讨社会幸福感的研究对象时，国外学者广泛聚焦于大学生、教师、老人等群体。有学者的研究发现，澳大利亚中学教师的社会幸福感指数高，因为他们能清楚地认识到自己的职业对学生和社会发展带来的影响（Heinz，2018）。也有部分学者在探讨社会幸福感时，以老年人为研究对象，深入分析了社会支持和人际关系是如何深刻影响他们的社会幸福感的。

1994年，马丁·塞利格曼提出了心理学的三大核心使命：一是研究消极心理和治疗精神疾病；二是使人们的生活更加充实、有意义，能够识别和培养天才；三是将"追求幸福"转化为对个体有益并促进其成长的内容。为了使"追求幸福"转化为一种积极促进个体成长的力量，干预研究中对积极心理学理论的运用与检验显得尤为必要。积极心理干预是基于积极心理学理论框架而实施的一种心理支持与治疗策略。国外学者认为，积极心理学迅速发展，这是一种致力于促进最佳机能和幸福的研究和干预方法,积极心理干预目前正在全世界范围内普及(Ciarrochi et al.,2016)。积极心理学相较于传统临床干预,实现了从关注心理病理到聚焦人类长处与美德发展的重大转变。传统的临床干预聚焦于病理问题的缓解,而积极心理学侧重于关注人类的长处和美德的发展。自21世纪以来,积极心理干预领域的研究逐渐崭露头角,国外学者在积极心理干预和治疗方面取得了大量的研究成果。积极心理干预(PPI)旨在通过增加诸如积极情感、乐观态度、心理韧性、感恩之心等积极元素,激发个人内心的积极转变过程,从而有效提升个体的整体幸福感。积极心理干预的应用范围广泛,不仅涵盖了普通人群,也包括临床患者群体。国外较多学者通过实证研究探索了积极心理干预在精神障碍患者、慢性病患者等群体中的应用及其显著效果。这些研究均揭示积极心理干预在缓解焦虑、减轻抑郁等负面情绪方面具有重要作用。积极心理干预不仅能有效缓解这些负面情绪给个体带来的心理负担,而且能增强他们的幸福感和积极状态。值得一提的是,这种积极状态的提升在个体间具有良好的传递性,能够激发更多人加入积极心理的构建与传播。有学者创新性地引入幸福治疗的概念,其核心目标在于强化个体的环境掌控感、生活自主感和意义感,从而推动个人实现更深层次的自我接纳、个人成长以及积极关系的建设。这一疗法曾用于帮助那些经过其他心理治疗或药物治疗的焦虑患者和抑郁患者,防止心理疾病的复发(Fava et al.,2003)。积极家庭治疗的核心在于将家庭视为治疗的根本单元,而非仅仅聚焦于个体。这一疗法强调在理解和解决个人所面临的问题时,必须充分考虑其家庭背景与环境因素。在此框架下,家庭关系以及每位家庭成员的独特个性和优势,被视为促进个人成长与问题解决的关键资源。国外学者通过文献回顾,阐述了积极心理干预的应用效果。一项对340多项涉及72000多名参与者的积极心理干预研究进行的元分析,发现积极心理干预,无论是以面对面还是线上进行的方式,都对临床和非临床样本的幸福感有显著的积极影响(Carr et al.,2021)。有学者从感受快乐、身心健康、学会感恩、享受生活、思想和行动、加强关系以及克服挑战等方面提出了可帮助大众群体在日常生活中自主进行的干预计划，以维护个体心理健康（Stafford et al.，2021）。2006 年，马丁·塞利格曼设计出一整套全面且易于在临床环境中实施的积极心理干预方法。该方法由"快乐生活、充实生活、有意义的生活"三部分组成，主要内容包括"识别个人优点、培养个人优点和积极情绪、认识情绪、介绍情绪管理工具、感恩和宽恕、乐观与希望、运用优势"等，完成整个疗程需要进行 14 次干预。随着积极心理干预的推广应用，其干预次数文献报道各有差异。有研究表明，6～8 次的干预活动即可达到效果（Bolier，2014），积极心理干预的次数对积极情绪的改善程度并没有影响（Turner，2014）。积极心理学干预通常以马丁·塞利格曼构建的幸福理论模型（PERMA 模型）为基础，该模型包含幸福的五大核心元素：积极情绪（Positive Emotions）、投入（Engagement）、人际关系（Relationships）、意义（Meaning）以及成就（Accomplishment），这五个要素是用其英文单词首字母表示的，即 PERMA 模式（Seligman，2011）。有学者基于 PERMA 模型，针对儿童癌症治疗提出了个性化设计、游戏化体验，允许积极强化，并设计焦点重定向干预措施。这些干预措施将为未来的治疗儿童癌症的临床研究中的实施和测试提供参考。

1.3 积极心理学国内相关研究

心理学，作为一门致力于探索人类心灵奥秘的学科，其本质使命在于服务全人类的福祉。积极心理学之所以能够从诞生起就得到广泛的关注，就是因为其肯定了人本身所具有的积极情感和正向能量。自从积极心理学在西方兴起以来，国内研究者受其启发，也迅速展开了大量的相关研究。2001 年，苗元江在

《试论幸福教育的起点、核心、目标》一文中首次提及了积极心理学，这一引入在国内引起了心理学家们的广泛关注与讨论。比起国外学者对积极心理学的研究，虽然我国对积极心理学研究和应用起步较晚，但发展较迅速，在学术界的地位越来越受到重视，并取得了大量的研究成果。积极心理学研究的代表学者有苗元江、陈浩彬、任俊、叶浩生、彭凯平、刘翔平、曹新美等。国内学者对积极心理学的研究主要是根据国外最新的研究成果进行的，其研究主题与国外相似，主要围绕积极心理学理论和应用进行介绍。苗元江、余嘉元等在2003年发表的《积极心理学：理念与行动》是中国最早介绍积极心理学的文献，对国外关于心理学的著作和观点进行了梳理和总结，他们认为未来心理学需要不断拓宽研究的范围和领域，重点研究人类积极品质，关注人类生存和实际发展需求，采取科学的方法和技术多角度多层次全方位地理解人类复杂的行为。李金珍等人在《积极心理学：一种新的研究方向》一文中，不仅详细阐述了西方积极心理学的起源、演进过程以及应用，而且还系统地总结了当前积极心理学领域的研究进展和成果，并强调积极心理学在心理学整体发展中的重要作用，以及将积极心理学引入国内，对国内心理学发展的助益。任俊在《积极心理学思想的理论研究》中对积极心理学形成的历史背景、发展历程、哲学基础、基本概念等进行了剖析，并提出了目前西方国家在积极心理学研究上所面临的若干问题。任俊认为，积极心理学是一门新兴学科，需要进一步完善和拓展。孟万金在《积极心理健康教育》一书中提出"积极心理健康教育"的概念，认为积极心理健康教育是在继承积极心理健康、积极心理治疗、积极心理学、积极教育诸多方面思想和实践的基础上加以整合，而形成的有目的、有计划地增进学生和国民心理健康的理论和实践体系，根据教育对象的生理、心理发展特点，凸显人文精神和科学精神的结合，运用积极的内容、方法和手段，从正面发展和培养个体的积极心理品质，防治各种心理问题，促进个体身心全面和谐发展。王静等人在《当前积极心理学变革的新趋向及理论价值》中指出，在积极心理学风靡全球的同时，也遇到多方面的质疑与批评，例如，理想主义色彩过于浓厚、积极心理学的理论框架与论证方法有待进一步完善、追求积极的矛盾冲突悖论。罗良针等人认为，积极心理学的研究热点为积极心理学概述、积极情绪体验、心理健康教育、心理品质。霍力岩等人在《新时代积极心理学的内涵和特点新探——兼论对我国基础教育教学改革的启示》中，梳理了积极心理学发展历程和研究内容，分析了其基本结构和主要内涵，指出了其主要特点即积极方向性、积极情境性、积极过程和积极发展性，讨论了其对我国基础教育教学改革的启示。

中国的心理学探索者们正秉持着独特的视角，深入耕耘积极心理学的广袤领域。2023年，由教育部指导、清华大学主办的中国国际积极心理学大会已经举办了六届，该会议拓宽了科学研究的跨界视野与实践应用的创新思维，产生了巨大的社会影响和丰硕的学术成果。2024年，彭凯平教授在致辞中深情阐述："这门年轻的学科不仅朝气蓬勃、活力四射，更心怀关切、知行合一。它始终站在时代与人类发展的最前沿，以积极的态度、科学的方法、严谨的学术、务实的实践、坚韧的勇气与深切的同理心为这个世界注入信心、勇敢、积极、希望、合作与幸福。广大的积极心理学人与积极心理学实践者们用自己的态度与行动完美地诠释了这门学科的伟大宗旨——为了一个更加美好的人类社会、更加美好的人类发展、更加美好的人类命运矢志不渝！"中国历届国际积极心理学大会具体情况见表1.1。

表1.1 中国历届国际积极心理学大会

时间	名称	地点	参会人数	会议主题
2010年8月	首届中国国际积极心理学大会	清华大学	1200余人	积极心理学与和谐中国建设
2012年11月	第二届中国国际积极心理学大会	清华大学	1000余人	积极心态成就幸福中国

续表

时间	名称	地点	参会人数	会议主题
2015年7月	第三届中国国际积极心理学大会暨第二届亚太应用正向心理学大会	清华大学	1200余人	积极心理学与中国梦：本土化的探索与贡献
2017年8月	第四届中国国际积极心理学大会暨首届国际积极教育研讨会	深圳	1000余人	健康中国，积极教育
2021年8月	第五届中国国际积极心理学大会暨中国心理学会积极心理学专委会2021年学术年会	线上	20万人次	积极心理学的科学研究与中国实践
2023年7月	第六届中国国际积极心理学大会暨中国心理学会积极心理学专委会2023年学术年会	浙江黄岩	线下：1000余人 线上：10290人	新时代的积极心理学：健康、合作、幸福

国内积极心理学的研究是从幸福感开始的，并且取得大量的研究成果。苗元江撰写了大量关于幸福感的论文，并著有《心理学视野中的幸福——幸福感理论与测评研究》，他认为幸福感是一种全面评价，是当大家所接受的社会标准对人们自有标准产生影响之后，人们对自己的生活状态做出的评价，是一种自我认同程度的评价。根据研究侧重点的不同，将幸福划分为由快乐论发展而来的主观幸福感、由现实论演化而来的心理幸福感、由外界观察者根据一定评价准则做出判断的客观幸福感以及既关注主观幸福感又关注客观生活质量的社会幸福感（杨积堂，2018）。在幸福感的研究对象方面，我国多数研究者选择的是居民、员工、老年人。有学者从人口特征、价值取向、家庭因素、社会因素、经济因素等方面探究其对我国居民幸福感的影响程度（孙玉文，2021）。有学者对Y银行员工开展研究发现：不同年龄、学历、收入、职务的人对幸福感的感知存在差异；工作归属感、获得感、银行前景、企业文化、工作环境、自我价值实现、薪酬福利、社会地位与幸福感存在正相关关系；工作压力与幸福感存在负相关关系（喻隆，2022）。有学者研究发现：近年来，我国居民的

幸福感整体上是逐渐提高的；显著影响居民幸福感的变量有年龄、婚姻状态、健康状况、地区、城乡分类、是否为党员、是否有医疗保险和最高学历；工作发展与人际交往不仅可以直接影响居民的主观幸福感，还可以通过影响居民的心理健康间接地对居民的主观幸福感产生影响；居民的心理健康分别在工作发展、人际交往与居民主观幸福感之间起中介作用；居民的心理健康能够在一定程度上降低人际信任感对主观幸福感的负面影响（王佳琪，2023）。有学者研究发现，子女数量对老年人自评幸福感没有显著影响，但对老年人情绪幸福感有显著影响；子女社会经济地位的提升能显著提高老年人的自评幸福感和情绪幸福感，从而整体提升老年人的主观幸福感；从老年人主观幸福感影响因素的城乡差异来看，子女数量对老年人自评幸福感和情绪幸福感的影响存在显著的城乡差异；子女社会经济地位对老年人自评幸福感的影响有显著城乡差异，对情绪幸福感的影响无显著城乡差异（王碧涵，2023）。我国学者在幸福感的测量研究方面起步较晚，但是发展迅速。早期，他们主要借鉴了西方的幸福感测量量表，如《生活满意度量表》《积极与消极情感量表》《总体幸福感量表》以及《纽芬兰纪念大学幸福感量表》等，并对这些量表进行了本土化的修订和完善，以适应中国的文化和社会背景。这些量表通过翻译、修改和验证，逐渐提高了其在中国文化中的适用性和有效性。目前我国使用较多的幸福感量表是邢占军编制的《中国城市居民主观幸福感量表简本》和苗元江编制的《综合幸福感问卷》。

国内一些学者创新性地将积极心理学的核心理念与框架应用于心理健康教育的促进、学校教学模式的改革、家庭教育的优化、思想政治教育的内容丰富以及人力资源潜力的深度挖掘，并开辟出了新颖的视角与前瞻性的理念。有学者指出，积极心理学对学生的创造力的培养具有重要意义（乾润梅，2006）。有学者指出，积极心理学与消极心理学并不是两个完全的对立面，积极心理学并不排斥人的心理疾病，它只是更加关注人本身的积极情绪，诸如幸福感、满足感、希望等。他指出，学校心理健康教育应该以一种新的视角，关注正常学生的认知、情感、意志、行为等心理品质的全面协调发展，注重对全体学生的心理素质的培养和提高。如果缺乏这种视角，学校的心理健康教育就会失去动力和迷失方向（林清杰，2010）。有研究表明，积极心理学课程能够明显改善学生的心理健康和自我认知（郭菊，2014）。有研究指出，国际上的积极教育实施正处于稳步发展的状态，虽然我国积极教育理论日趋完善，但仍没能很好地结合我国传统的文化背景来实施，并为加强积极教育实践提出诸多策略（席居哲，2019）。有学者认为，高校应该借鉴积极心理学的相关理论，不断丰富教育教学内容，拓展方式方法，用新的思路和理念构建和谐融洽的主客体关系，不断提升教育实效（王佳利，2013）。有学者指出，教学应该坚持以学生为主体，正如当事人中心疗法一样，教师需要在教学过程中全面关注学生的需求，扮演好引导者和促进者的角色（杨冬青，2019）。李晓溪等人通过对232名大学生进行调查分析，提出双元互动教学模式对大学生积极心理学课程的有效性。郑祥专对比了传统观念下的中国家庭教养方式和多元化观念下的中国家庭教养方式后，提出了将积极心理学理念与家庭教养方式结合，探究家庭积极教养方式的作用与具体做法。有研究表明，将积极心理学融入大学生思想政治教育工作的路径主要包括：一是建立谈心谈话制度，助力学生培养积极人格；二是提升开展积极心理学教育的素质与能力；三是创新思想政治教育的途径与方法（王琪，2024）。李金鑫在积极心理学视域下，根据其概念和基本特征，结合企业员工激励机制现状中存在的问题，提出了运用积极心理学进行企业员工激励机制创新的有效建议。李颖概述了积极心理学与人力资源管理的关系，并在人力资源管理招聘、激励、培训、绩效、职业生涯规划、组织文化建设方面提出了一些创新性的建议。

学者广泛采纳并积极应用积极心理学的理念和方法，以实施各种形式的积极干预。有学者认为积极心理学对临床心理学在心理诊断测量、心理治疗模式和心理干预体系方面具有重要现实意义（陈琳 等，2008）。有学者探讨了在积极心理学视角下高职学生心理危机预防模式的有效性，以两个班级的学生为研究对象，结果显示，经过干预后，实验组学生心理健康程度显著高于对照组，并且该模式对心理危机易感学生的心理危机预防效果明显（胡祖兴 等，2024）。有研究表明，在精神分裂症患者的康复过程中，采取基于积极心理学理论的精神康复护理，有利于改善患者的症状，转变患者的心理状态并降低病耻感，提升患者的认知功能，显著提高护理满意度（房艳艳，2024）。

众多研究者日益达成共识，认为将积极心理学的核心理念与技术融入团体辅导实践，能够产生显著的正向效应与深远影响。这不仅体现在显著提升个体的心理健康状况上，还体现在极大地促进了团体成员间的积极互动与合作，增强了成员的参与热情与整体满意度。有研究表明：积极心理团体干预能通过优势认知与使用的中介作用提升高校心理委员的心理健康水平，进而提升高校心理委员的胜任力；基于积极心理学 PERMA 模型设计的团体辅导方案能有效改善大学生的心理健康水平；学校应坚持积极心理干预与传统心理干预相结合，并推广以班级为单位的积极心理干预团体辅导活动；对团队成员进行积极心理团体辅导和积极情绪实践练习，能够显著提升团队的幸福感水平，提高积极情绪体验。此外，基于积极心理学的团体心理辅导也广泛应用于心理韧性、攻击性、羞怯的干预研究中。有学者从集体班会、小组访谈、素质拓展三个层面，提出积极心理学视角下团体辅导的大学生心理韧性培养形式及策略（李厚仪，2020）。有研究表明，积极心理团体辅导对职业院校大学生攻击性的干预是有效的（臧爱明 等，2021）；积极心理团体可作为羞怯干预的新方法加以推广（刘荣，2020）。

第 2 章　积极心理学相关理论与技术

2.1　积极心理学相关理论

2.1.1　积极情绪的拓展与构建理论

　　2001 年，美国心理学家弗雷德里克森提出了一个深刻影响积极情绪研究领域的理论——"拓展与构建"理论。该理论的核心观点在于，积极情绪能够对个体的思维和行为进行拓展和构建，进而提供更充足的资源，以便个体在当前环境中更全面地认知、更准确地反应以及更灵活地思考。同时，积极情绪有助于个体建立长期的、有利于个人未来发展的资源，例如，个体与他人之间的联系和支持、自我成长和发展、对生活的感恩和积极态度等，从而对个体未来的生活和事业发展产生积极的影响。可见，一方面，积极情绪能够促进个体的认知发展，让个体思维更具创造性，与此同时，灵活的思维和创造性又反过来促进积极情绪的进一步深化，由此形成螺旋式的前进和上升态势，促进个体的健康快乐；另一方面，积极情绪体验能够抵消某些消极情绪，增强个体积极生活的能力。弗雷德里克森等人也通过精心设计的实验，深入探究了处于不同情绪状态下的被试的反应，以此验证积极情绪的拓展与建构理论的合理性。实验结果进一步说明：积极情绪能拓展个体的行为或思想的范围，而消极情绪则相反。积极情绪与消极情绪在其强度或唤醒水平上的差异，显著地影响着它们对个体行为模式与思维方式的扩建或限制作用。

在弗雷德里克森提出积极情绪的"拓展与构建"理论之后，许多心理学家纷纷展开实验，以验证这一理论的有效性和正确性。有研究证明：积极的情绪体验中的个体能更全面地认识自己面临的任务，从而保证个体在特定的情境中能做出最有效的反应（Hill et al., 2004）；当被试处于较高的感恩、宽恕等积极心理状态时，认知执行功能水平也较高，如目标定位水平、自觉行为水平等（Miley et al., 2006）；有学者从信息加工心理学的实验范式出发，用实验证明个体在积极情绪状态下的视觉注意广度更大（Wadlinger et al., 2006）。

2.1.2 解释风格理论

马丁·塞利格曼认为，失败和挫折对个体人格的影响存在显著差异，这主要源于个体对失败和挫折的不同认知方式。虽然所有人都可能面临失败和挫折，但个体之间的差异导致了不同的心理反应和结果。为什么会出现这种差异呢？20世纪60年代，马丁·塞利格曼等学者以习得性无助理论为基础，结合韦纳的归因理论，提出了解释风格理论。解释风格或称归因方式，是个体在面对事件时，习惯性地对这些事件的发生原因进行思考和分析的模式。解释风格理论将人格分为"乐观型解释风格"和"悲观型解释风格"两种类型，认为个体的解释风格会影响其情绪和行为。乐观型解释风格的个体通常倾向于以积极、正面的视角审视周围的事物，而悲观型解释风格的个体则更可能以消极、负面的态度来解读。乐观者看到"半杯水"会认为"还有半杯"，而悲观者则可能认为"只剩半杯"。这种思维模式包括普遍性、永久性、人格化三个维度。

解释风格是指个体在面对事件及其结果时所展现出的一种固有的、倾向性的解读方式，它可以对习得性无助产生重要影响。当乐观型人格的人遭遇挫折时，他们相信这是外部因素导致的，只是暂时的困境，因此无助感很快会消失；而当他们成功时，他们更愿意将这种成就归功于自己的努力和才能，这种自我肯定的态度有助于他们保持自信和动力。相比之下，悲观型人格的人则更可能将失败归咎于自身内部因素，而当成功时，他们可能认为这更多的是外部因素的结果，而非自己的能力和努力所致。故而，乐观型人格的人往往比悲观型人格的人更容易认同自己。但也有研究表明，乐观型人格的人虽然能够关注到更多的美好，但有时也会导致偏差，即人们认为自己的风险比别人小，盲目乐观而不现实。有学者倡导"现实的乐观"理念，强调的是一种与现实和谐共存的积极态度。这种乐观并非盲目或自欺欺人，而是建立在对现实情况有清晰认知的基础之上。认识到并培养积极的解释风格对于提高个体的心理健康水平和提升适应能力具有重要意义。

2.1.3 自我决定理论

自我决定理论（self-determination theory，SDT）是由美国心理学家爱德华·L.德西和查德·M.瑞安在20世纪80年代提出的，该理论是以积极心理学为理论基础形成的认知理论。自我决定理论认为，每个个体内在蕴含着强大的成长动力与潜能，追求自我实现与不断成长。自我决定理论主张，个体在深刻理解自身需要并考量外部环境后，能够自主、自由地选择行为路径，旨在促进个人内心的和谐统一。

爱德华·L.德西和查德·M.瑞安运用自我决定理论进行了深入研究，经过不断地扩充与完善，该理论已较为成熟，并形成了五个分支。这五个分支包括基本心理需要理论（Basic Psychological Needs Theory）、认知评价理论

（Cognitive Evaluation Theory）、有机整合理论（Organismic Integration Theory）、因果定向理论（Causality Orientations Theory）、目标内容理论（Goal Contents Theory）。

爱德华·L.德西和查德·M.瑞安提出自我决定的核心理论是基本心理需要理论，为其他研究奠定了基础。①基本心理需要理论认为个体在与外部环境的交互过程中，会产生三类基本心理需要，分别是自主需要、能力需要、归属需要，并指出三类基本需要是普遍存在的、先天性的，并不是后天形成的。自主需要是指个体在参与各类活动时，能够依据个人的内在意愿和偏好做出自由选择的能力，即行为自我决定的程度；能力需要是指个体在投身于活动或任务时，所体验到的一种对自身能力的认可与自信感；归属需要实质上是一种深刻的人际连接感，它让个体感受到来自周围人的关心、理解和接纳，从而产生一种归属感。值得注意的是，基本心理需要的满足对于个体的成长与发展至关重要。尽管这些需要具有先天性的基础，但它们的实现并不能自然发生，而是需要外部环境的支持。②认知评价理论是自我决定理论最早出现的子理论，该理论将动机划分为内部动机和外部动机。内部动机是指参与该活动的动力源自个体对活动的兴趣和内在渴望，不需要外界的奖励或压力作为驱动力；外部动机是指个体参与活动的动力并非源自对活动本身的热爱或兴趣，而是由外部环境激发的动机。③有机整合理论认为，人类天生倾向于将外部某些社会规则、价值等进行整合，转换为个体认同的价值，使其成为个体的自我的一部分。该理论特别提及了"内化"的概念。④因果定向理论主要关注个体在自我决定行为中的差异，旨在剖析为何面对相同的环境条件，不同个体会展现出截然不同的反应与行为模式。该理论的核心观点在于，个体有朝着有利于自我决定的环境进行定向发展的倾向。个体对环境的定向方式分为三种主要类型：自主定向、控制定向以及非个人定向。这些不同的定向方式会显著影响个体的行为特征。⑤目标内容理论聚焦于个体的目标设置与其基本心理需要的满足和幸福感之间的关系。该理论将个体的目标划分为内在目标和外在目标两种类型，并强调不同目标追求对个体幸福感产生的差异化影响。追求内在目标的个体，他们的注意力聚焦于个人成长、内部潜力，如融洽的关系、自我实现、社会贡献等。这种追求往往能带来更深刻、更持久的幸福感。相反，那些以外在目标为导向的个体，更多地被名声、社会地位、个人形象以及经济上的成功所吸引，但这些目标往往较为表面且易于受到外界变化的影响，从而可能导致幸福感的波动与不稳定。

自我决定理论主要研究外部环境如何影响人们的动机，对教师、管理者、教练等需要激发他人动机的工作者具有较大的实际意义。那么，教师展示什么样的行为会被学生视为自主支持行为？对此，研究者主要借助问卷调查与实地观察这两类方法进行研究。研究结果表明，教师的自主支持行为是一个多维度的概念，它涵盖了教学行为、表达方式以及学生主观印象等多个方面。如教学行为（如聆听、指导及个性化教学方式等）、教师的表达方式（如建议与鼓励等）以及学生或评价者的主观印象。在管理领域，自我决定理论的研究多为实证研究，主要集中在员工工作动机的影响因素上。国外有学者曾对一家500强公司进行调查，研究发现，经理越支持员工的自主性，员工越满意自己的工作内容和工作环境，同时更信任公司的高层管理人员，感觉压力和控制力也更小，工作效率更高（Deci，1989）。自我决定理论在体育领域的研究，其核心关注点在于探讨自主支持的外部环境如何对个体的运动动机产生深远影响。国外有研究表明，教练的自主支持与运动员的挫折心理需求呈负相关，与满足基本心理需求和恢复力呈正相关（Trigueros et al.，2001）。有研究表明，教练员的支持行为能充分满足运动员3种基本心理需要，从而促进运动员自尊的获得，进而对运动员心理韧性的形成发挥积极作用（樊荣，2020）。

2.1.4 心流理论

20世纪70年代，米哈里·契克森米哈赖深入研究了运动员、音乐家、艺术家、外科医生等数百位在专业领域内的顶尖人物的行为和心理状态。他的研究表明，不论人们从事的活动有何不同，当个体能够完全投入其中，全神贯注地参与时，会忘记时间的流逝，甚至会忘记自己的存在。米哈里·契克森米哈赖的研究同时也发现，当运动员、音乐家、艺术家、外科医生等这些研究对象注意力高度集中，自我意识暂时消失时，他们通常会在活动结束后体验到一种充满能量并且非常满足的感受，这种感受类似于"水流"的体验，米哈里·契克森米哈赖称之为"心流"（Flow）。他在《心流：最优体验心理学》（Flow: The Psychology of Optimal Experience）中将心流体验描述为：心流即一个人完全沉浸于某一种活动当中而忽视了周遭事物存在的状态，这种体验本身带来的喜悦让一个人愿意为此付出巨大的代价。

米哈里·契克森米哈赖通过对世界范围内来自不同文化背景的超过8000人的访谈发现，心流体验具有普遍性和跨文化的相似性，不受性别、年龄或文化背景的影响，并提出心流体验的产生需要以下九个条件：①目标明确，即每一刻都知道想要做什么；②反馈及时，即在每一刻都知道是否做得好；③技能与挑战处于平衡状态，即在情境中采取行动的挑战与个人能力相当；④深度集中注意力，关注手头任务；⑤忽略无关问题，从意识中排除无关刺激；⑥可控制，原则上来说会走向成功；⑦自我意识消失，个体感觉到自我超越；⑧时间流逝的感觉，感到时光飞逝；⑨变成自发体验，自成目的。这九个特征共同构成了心流体验的核心要素，帮助我们更好地理解这种积极、投入的心理状态。心流虽并非稳定且持续的体验，也无法通过客观标准来精确衡量，但它却是一种能激发人们积极情绪的感受。正因为这种积极的感受性，"心流"常常成为人们重复参与特定活动的内生动力。只有当个人能力与所面临的挑战之间达到一种平衡状态,并且这种平衡状态在高难度的挑战与个人的卓越能力相匹配时,也就是说,挑战恰好落在个体的"最近发展区"范围内,个体通过全身心地投入,才能够激发出心理流畅体验。心流以其独特的积极情感体验,促使人们愿意持续从事某些活动。

心流体验理论由米哈里·契克森米哈赖初始定义以来,虽然不同学者根据自己的研究背景和侧重点,对心流的概念提出了自己的见解,但是并未对其本质作出改变。心流体验的定义主要可以概括为三种类别:第一类,对心流体验的本体作出界定,如心流体验是一种意识状态、一种愉悦的体验;第二类,对体验中的个人感受作出界定,如有学者提出,心流体验中个体感受到内部享受、满意、和谐,这种体验在个体被某种活动完全吸引投入时才会实现;第三类,基于心流体验发生的条件和特征进行界定(Smith,1989)。有学者在对心流体验下定义的时候描述了心流体验发生的条件——个体在体验到技能与平衡状态时所伴随而来的体验,心流是某种超越的乐趣,是达到非常满意时的感觉。国内对心流体验的定义虽然基于其最初的定义,但在实际研究中,由于研究者的研究背景、领域差异以及个人理解的不同,心流体验的概念在翻译和表述上也有所差异(Clarke et al.,1994)。这些不同的翻译和表述方式,如"福流体验""流体验""Flow体验""沉醉感""高峰体验""流畅体验""沉浸体验"等,均指向米哈里·契克森米哈赖所提出的"flow experience"概念。有学者将心流体验总结为一种沉浸其中的忘我状态,是一种直接的情绪感受和心理体会(其木格,2010);心流体验是对某项活动中心理状态的描述,在此状态中,人沉浸在完全参与、充满活力和成功的体验中(叶新东,2011)。

心流理论模型主要分为两大类:第一类是由米哈里·契克森米哈赖等学者提出的,他们以技能和挑战为两个核心要素,分别作为横坐标、纵坐标,并根据这两者之间的匹配程度差异,构建出了心流体验通道模型,主要包括三通道模型、象限模型以及波动模型这三个具体的子模型。第二类则是由芬纳兰

（Finneran）等学者提出的，他们将活动中的要素区分为用户、工具和任务，并以此为基础，构建了由用户（Person）、工具（Artifact）和任务（Task）三个维度共同组成的PAT模型。

　　目前，国内外对心流体验的测量方法分为定性和定量两种，主要有问卷调查法、心理体验抽样法（ESM）、对比实验法以及描述性调查法。在对心流体验进行问卷调查时，最早出现的心流体验测量方法是心流体验问卷FQ（Flow Questionnaire）。该问卷共包括五个部分，包括对心流体验的定义，让参与者回想并描述他们所经历心流体验的场景和活动等。广泛运用的两个量表是DFS量表（Dispositional Flow Scale）和FSS量表（Flow State Scale）。这两个量表均基于心流体验的多个维度进行编制，以量化评估个体在不同情境下的心流体验。后来，有学者根据心流体验的六大关键要素：技能与挑战的平衡、动作与意识的融合、即时的反馈、对当前任务的专注、时间感的扭曲以及行为的流畅性，设计出了克隆巴赫 α 系数为0.90的FSK量表（心流简短量表）。该量表具有较高的可信度，并且使用起来非常方便，因为它只包含13个问题，受试者可以在不到一分钟的时间内完成测试，所需时间远低于DFS和FSS量表。心理体验抽样法（ESM）是一种要求受试在日常生活中即时记录自己感受的方法，通过这种方式来捕捉和收集关于个体在不同时刻的生活体验数据，从而深入研究个体瞬间的心理体验以及流畅状态（如心流）的波动和变化。心理体验抽样法（ESM）是由米哈里·契克森米哈赖及其同事在1977年开发的，它是进行心流体验研究时主要使用的方法，具体操作是让被试佩戴一个会不定时发出信号的电子呼叫器，每当呼叫器响起则需被试记录当下情绪和感受，由此来记录和收集被试在一段时间内反复进行某项活动的信息。此方法因涉及电子装置的使用，必然会对被试的正常行为模式和活动的连续性造成一定的影响。相比之下，通过采集皮肤电、脑电波等生理指标进行对比实验的方法，能够得出更为准确且科学的研究数据。然而，这类方法对实验设备及其环境有着较高的要求，并且需要仪器与用户之间有直接的身体接触，这可能会干扰用户的体验，甚至给用户带来不适感。描述性调查法可以和受访者进行直接交流，故而具有很好的可操作性。在运动领域中，杰克逊是首位采用深度访谈法研究流畅的学者，他曾对16名前美国花样滑冰全国冠军进行访谈，得到了大量有关流畅体验的描述性资料。总而言之，以上是测量心流体验的四种方法，其中问卷调查法和描述性调查法被广泛使用。

心流体验作为一种深度的心理沉浸状态，其影响因素一直是研究者们关注的重点。通过大量的研究，研究者得出结论——影响心流体验的主要因素为性别、年龄、家庭以及学校。有学者针对525名学生进行实证研究，揭示了影响学生在课堂中心流体验深度的核心要素。研究发现，在每门课上，学生对于挑战和技能的察觉是决定其心流体验水平的关键因素。值得注意的是，心流体验并非普遍一致，而是展现出显著的个体差异，尤其是性别差异在其中扮演了重要角色。与女性学生相比，男性学生体验到更高程度的心流。关于不同年龄的个体是否会产生不同程度的心流体验，学者得出了不一致的研究结果（Shin，2006）。有学者通过对三个不同年龄阶段儿童的观察发现，从婴儿到学龄阶段儿童心流体验的能力是增加的（Custodero，2007）。也有学者通过对来自希腊的18～29岁、30～39岁、40～49岁、50～59岁的四组样本群体和来自意大利的19～29岁、30～39岁、40～49岁、50～59岁的四组样本群体数据分析发现，心流体验并不存在年龄上的差异（Bonaiuto，2016）。家庭背景包括家庭结构、家庭氛围、父母受教育程度等多个方面。有研究表明，家庭和家庭背景能够影响儿童心流体验和发展，家庭背景对资优生在学校活动中的心流体验也有影响。有学者揭示了社会背景因素，特别是家庭环境和社会地位，对成年个体心流体验的重要影响（Heo et al.，2010）。有研究显示，来自不同教育环境的学生在心流体验上存在显著差异（Rathunde，2005）。比如，Montessori学校的学生相较于传统学校的学生，体验到了更高质量的心流。有学者在其研究中同样发现传统学校和非传统学校学生报告的心流体验程度不同（Johnson，2008）。

心流体验在教育领域的应用十分广泛，其影响力主要体现在对学生参与度的研究、在线教育的优化以及教育游戏的设计与实施等多个方面。在20世纪90年代，有学者进行了一项涵盖526名学生的研究，旨在探究学生参与课堂学习的各种影响因素以及学生参与的实际效果。研究结果显示，尽管学生们在课堂上展现出了相对较高的注意力，但他们的兴趣水平和愉悦感较低，故而在课堂教学中，他们有40%的时间都在思考跟学习无关的事情。更令人担忧的是，有些学生甚至在课堂上花费了大量时间做与学习无关的事情。比如，听别人讲话、做小动作。这反映出仅有少数学生能够真正全身心地投入课堂活动中。其他类似的研究也揭示了相似的问题，虽然学生在学校课堂教学中能够保持较高的专注力，但这并不意味着他们有较好的学习动力和学习效果。相反，为学生创造一个充满愉悦感、激发学习动机和提供更多学习机会的环境，对于提高学生的学习效果至关重要。学生的能力水平对学生参与的积极性也有重要影响。有研究发现，成绩较好的学生常常在课堂上感到无聊（Larson et al.，1991）。叶新东等人基于心流体验理论，深入研究了如何为学生构建一个更有利的学习空间环境。王卫等人基于心流体验理论，探讨在线学习过程中影响心流体验产生的条件因素及其导致的结果因素，研究结果显示，目标的准确性、及时的反馈以及临场感可以正向、显著影响心流体验，挑战与技能的平衡对心流体验产生的影响则不显著；心流体验对在线学习者持续学习意愿产生了显著的正向影响，用户满意度和积极的态度是心流体验影响学习者持续在线学习意愿的中介因素。宫婷婷等人探讨将"心流"融入劳动教育课程，旨在发挥高职劳动教育课程的育人功能。

有学者创新性地将心流体验理论框架引入游戏教学研究领域，旨在探究在游戏化学习环境中，如何通过调整挑战难度与技能水平之间的平衡，来优化学生的学习参与度和沉浸感。研究结果显示,参与游戏对学习确实产生了积极影响(Hamari et al.,2016)。然而,游戏沉浸感与学习效果之间的直接关联并不显著。不过,值得注意的是,参与游戏的频率或程度的增加对学习有着明显的影响。此外,游戏学习环境中的挑战和技能对参与和沉浸在学习中都有积极的影响,其中挑战对学习结果具有强烈的预测作用。

2.2 积极心理学相关技术

2.2.1 积极心理教练技术

"教练技术"在心理学领域的正式引入与发展源于20世纪90年代哈佛大学网球教练及教育学家高威的创新教学方法。高威通过一种非传统且高效的"教练技术",让所有人都能快速学会打网球,这一成就不仅震撼了体育界,也引起了心理学学者的兴趣。20世纪八九十年代,心理教练技术已逐渐成为一个新兴行业,并形成一定的行业规模与影响力。紧接着,心理教练技术开始被引入中国,迅速吸引了社会各界的目光并受到重视。

积极心理教练技术作为一个新兴的综合性理论和技术,融合了积极心理学、心理教练及教练技术等理论和实践,其主要目的是运用积极心理学的科学测量与实验方法,从积极角度深入挖掘、探索并激发被教练者的内在力量、优势美德以及自身潜能等,并教会他们如何运用这些力量和优势来应对生活中的各种挑战和困难。积极心理教练技术既关注个人的积极情绪、积极认知、积极优势、积极关系和积极应对,又强调个人主动性的发挥,引导个体在教练的帮助下实现积极成长与更优发展。相比传统的教育和管理技术,积极心理教练技术虽起步较晚,但发展速度较快。近年来,积极心理教练技术被广泛应用于教学与管理中。郝健强将积极心理治疗理论与教练技术理论相融合，运用积极教练式管理团体辅导实践，能够有效提升和平衡高校社团成员的现实能力，帮助社团成员快速将所学到的知识、技能和感悟应用到社团工作中，提高社团成员的工作积极性和自信心，从而促进高校社团管理水平的提高和发展现状的优化。宋倩运用积极教练式管理团体辅导实践，通过对社团现状、学生干部成长周期的调研分析，找到新形势下积极教练技术在社团管理中应用最合理的时间段以及社团类型，从而促进高校社团管理水平的提高和发展现状的优化。

2.2.2 积极赋义技术

积极赋义技术是一种源自家庭治疗理论的重要技术。该技术强调从积极的角度重新描述和解释当前的症状、系统或情境，即赋予积极意义，以取代原有的挑剔、指责或消极态度，从而提升个体幸福感。在实践中，积极赋义技术展现出了多样化的应用策略。比如，记录"三件好事"，即鼓励个体每日记录至少三件让自己感到愉快、感激或成功的事情；探索优势与才能，引导个体发掘并认可自己的独特优势、技能和才能；追踪进步，即鼓励个体关注并记录自己的成长与进步，无论这些进步多么微小。

积极赋义作为一种积极心理学的教学策略，不仅可以通过具体的活动开展，还能渗透到家庭教育、学校教育的日常环节中。有研究表明，父母在家庭教育中要学会从积极的视角，给事情赋予积极的意义，并使孩子潜移默化地习得这种思维模式，从而变得积极乐观、勇敢自信（吕小裙，2022）。有学者通过超星在线课堂设置和数据的穿透查询，展示了几个积极赋义的示例，并对教师如何激发学生学习动机的思路进行了探讨（朱宝慧，2021）。

2.2.3 感恩练习

感恩练习是积极心理学中的一种实践方法，旨在通过有意识地关注并感激生活中的美好事物，来增强个人的幸福感、满足感和整体心理健康。众多研究表明，感恩和主观幸福感的各个方面都存在正相关性。国外有研究表明，感恩可以激发受惠者回报他人的亲社会行为，因为感恩与人格中的宜人性相关，所以更容易与他人保持积极的人际关系，感恩与亲社会有关的人格显著呈正相关（Wood et al.，2010）。

①感恩练习主要包括感恩记录、感恩反思、感恩拜访和感恩团体辅导等内容。学者们通过实施一项以感恩记录为核心的干预研究，以成年人群为实验对象，深入探索了感恩实践对提升个体主观幸福感的具体效果。在研究的初步阶段，他要求实验组记录一周的五件值得感恩的事件，随后又以每天记录感恩事件的实验，证明了感恩的干预对主观幸福感的临床有效性，并且坚持每天记录则效果更优（Emmons et al.，2003）。②感恩反思与感恩记录比较相似，但它记录的内容题材范围更广、时间更短。学者们将被试大学生分为实验组和控制组，实验组被要求写暑假发生的值得感恩的事件，控制组则被要求写暑假未得到满足的事情，结果证明实验组体验到更多的积极情绪和感恩情绪（Watkins et al.，2003）。③感恩拜访是受益者向提供帮助或恩惠的对方表达深切感激之情的一种书面形式。在这封信中，作者会详尽地阐述感恩的原因、感恩的事件以及以各种形式表达感恩。马丁·塞利格曼等人的研究均表明感恩拜访对于激发感恩情绪和幸福感的有效性。④感恩团体辅导是以感恩为辅导目标，运用各种心理辅导技术，在团体自由、安全的氛围下，通过团体的分享、体验和感受，在人本主义理论指导下进行感恩训练，以促进个体认知、情感和行为的改变，激发个体的感恩情绪与能力，提高感恩水平，促进幸福指数的提升。感恩团体辅导已被广泛验证为一种积极有效的心理辅

导方式，然而，它也伴随着一些不容忽视的局限。首先，该辅导模式对领导者的专业素养要求较高；其次，感恩团体辅导通常需要较长时间的投入与持续参与。

第 3 章　宽恕述评

3.1　宽恕的发展

3.1.1　宽恕的提出

21 世纪初，马丁·塞利格曼所倡导的积极心理学一时间引起了巨大的影响，他提倡改变传统心理学以心理问题为研究对象的方式，转而通过关注与研究人的积极品质来赋予人们力量。心理学对于宽恕的关注逐渐增多，随着研究结果的增多，人们发现宽恕不仅能够缓解人际冲突，还能够增强人的幸福感，提升心理健康水平，对抗消极情绪。

在我国，宽恕的思想可追溯到孔子的"忠恕之道"思想，"忠"即尽心尽力地对待别人，"恕"即推己及人，把他人当作自己一样来对待。早在春秋战国时期，孔子就提出"宽以待人，严以律己"的思想，他要求人们"躬自厚而薄责于人"，认为只有这样，才能与他人和睦相处。关于"忠"，孔子并未加以明确界定，但后世儒家学者都认为孔子讲的"己欲立而立人，己欲达而达人"即为忠，语出《论语·雍也》，原文为："夫仁者，己欲立而立人，己欲达而达人。能近取譬,可谓仁之方也已。"关于"恕",孔子明确其内涵是"己所不欲,勿施于人",语出《论语·卫灵公》,原文是:子贡问曰:"有一言而可以终身行之者乎?"子曰:"其恕乎!己所不欲,勿施于人。""己所不欲,勿施于人"是忠恕思想的消极方面,"己欲立而立人,己欲达而达人"则是忠恕思想的积极方面。"宽恕"与"忠恕"同义,是中国传统伦理学的重要范畴,是中华民族的传统美德之一。在《现代汉语词典》中,"宽恕"指宽容饶恕,"宽容"指宽大有气量,不计较或不追究。故"宽恕"与"宽容"是有一定区别的。宽恕主要针对的是个体的行为,是心理上的赦免;宽容则侧重个体的思想观念,是态度上的容忍。

3.1.2 宽恕的概念

心理学文献一般将宽恕定义为一个人在心理、情感、身体或道德方面受到另一个人的深度而持久的伤害,使受害者从愤怒、憎恨和恐惧中解脱出来,并不再渴望报复侵犯者的一个内部过程。在宽恕的心理学研究中,由于学者对宽恕理解的侧重点不同,故而提出的定义也不同。学者主要从"宽恕是什么"的角度界定宽恕,心理学界则从两种不同的角度对宽恕进行了界定:①从"宽恕不是什么"的角度界定其含义。宽恕不是赦免,不是法律上的仁慈和宽大,不是和解,不是不追究罪过,不是忏悔。宽恕不是让愤怒的情感随时间流逝而消退的消极行为。②宽恕的特征。宽恕只发生在人与人之间,而不是发生在人与无生命物体之间;宽恕发生在严重的伤害之后,这种伤害可能是心理上的或生理上的;个体只有掌握了公正的意义之后才能产生宽恕;宽恕需要时间;宽恕不需要犯错者的道歉,有目的的宽恕不是宽恕,它不过是一种政治策略或一种精神疗法式的协调;宽恕受伤害的严重程度、受伤害前的人际关系性质和心理品质的影响;宽恕能改变自己,也能改变他人,因为爱心能延伸到他人身上,宽恕是个体自主选择。

心理学家对宽恕的定义虽然多样，但共同之处在于把宽恕视为一种积极的情绪调节过程。目前关于宽恕的定义大都是从宽恕他人这一角度探讨的，但宽恕不只包括宽恕他人，还应该包括宽恕自己。本文采用的定义是，宽恕是为了保持愉悦的情绪状态而刻意放弃不愉快感觉的过程，通常发生在个体受到他人的伤害或自己伤害了他人这两种情况中。

3.1.3 宽恕的国外研究现状

国外有学者将宽恕研究的历史分为两个阶段：第一个阶段，从1932年到1980年，涵盖了许多涉及宽恕的理论文章和少量相关经验研究；第二个阶段，从1980年到现在，出现了大量关于宽恕的深入系统的研究（McCullough et al., 2000）。从20世纪30年代开始，欧洲和美国的一些学者开始讨论有关宽恕现象的问题。研究道德心理学对宽恕走进心理学界有着很大的贡献。罗伯特·恩莱特等学者均指出，宽恕是道德心理学的一个重要主题，并提出宽恕发展的六阶段理论。20世纪后期，关于宽恕的研究逐渐增多，相关研究开始深入而系统，道德心理学、发展心理学、教育心理学、社会心理学、咨询心理学、管理心理学、临床心理学以及积极心理学等相关领域都展开了对宽恕现象的研究。西方心理学家在宽恕的研究上取得了较为丰硕的成果。至20世纪80年代，以罗伯特·恩莱特为首成立的探讨宽恕道德发展问题的人类发展研究小组为标志，对宽恕从心理学视角进行比较系统严密的研究才真正出现，并取得了系列研究成果。

3.1.4 宽恕的国内研究现状

我国学者对宽恕的研究以傅宏、罗春明和黄希庭等人为主要代表。岑国桢对宽恕的内涵及研究成果的介绍，使得宽恕第一次进入研究者的视野。傅宏提出，宽恕必将成为当代心理学研究的新主题，真正成为研究者关注的焦点。宽恕的研究主要分为实证研究和理论研究两部分。2001 年，倪伟首次以宽恕风格问卷和青少年道德判断能力测验为测量工具对宽恕进行了实证研究，填补了宽恕实证研究的空白。罗春明和黄希庭等人整理的研究综述回顾了宽恕的相关文献，对宽恕的内涵、发展前瞻等问题进行了详细的阐述。至此，国内有关宽恕的研究才开始蒸蒸日上。有学者研究了幼儿的宽恕发展特点（王皓，2007；顾青，2017），团体辅导对大学生宽恕的影响（黄伊夫，2023；郑秋强 等，2023），幼儿教师的宽恕特点（李昌庆，2019；罗小漫，2020），消费者宽恕的特点（孙乃娟，2012），员工工作压力、心理健康与宽恕之间的关系研究（黄肖，2017），领导宽恕对员工建言的影响（张亚军 等，2017；张军伟 等，2019）。

虽然我国关于宽恕的研究只有短短的 20 余年，但是这些研究涵盖了宽恕的心理学内涵、现状与发展、影响因素、东西方文化比较研究等内容，对宽恕与其他心理学范畴的变量进行了一系列相关研究，为我国宽恕研究的发展奠定了基础，这些研究可谓意义深远。

3.2 宽恕的模型

如果要更全面、准确地了解宽恕，就一定要为它提供一个能充分揭示其内涵、本质以及解释其运行机制的理论模型。宽恕的心理学模型可以分为类型模型、发展模型以及任务-阶段模型三类。

3.2.1 类型模型

国外有学者通过实证研究，认为存在三种类型的宽恕：角色期待宽恕、利己的宽恕和内部的宽恕。这三种宽恕中，只有内部的宽恕是心理上主动的、发自内心地对受害者真正的宽恕。角色期待宽恕即表面上有宽恕的行为表现，是指人们为了适应社会角色而不得不做出的宽恕。利己的宽恕是指为了向人们展示豁达大度、胸怀宽阔而表现出来的宽恕，这种行为并非出于善意，而是将宽恕作为宽恕者体验自身道德优越感的工具。角色期待宽恕和利己的宽恕都是一种被动的宽恕，表现出来的宽恕都是为了展示给外人看，是表面上的宽恕，而内心还是充满焦虑和恐惧，对冒犯者还是心存恨意。也有学者将宽恕分为宽恕自己、宽恕他人与寻求宽恕三类。宽恕自己是指个人饶恕自己所犯的错误或罪孽，由憎恨自己转变为关爱自己的心理过程；宽恕他人是指受害者受到他人的伤害后，自愿停止敌视冒犯者，并善待冒犯者的心理过程；寻求宽恕是指冒犯者在伤害他人后，主动承担道德责任并尽力寻求受害者宽容饶恕自己的心理过程。前者主要依据受害者是主动还是被动做出宽恕进行分类，而后者则是根据宽恕对象进行分类。类型模型是目前运用最多的，也是最简明易懂的，主要在于表达宽恕的不同类型，但在解释个体如何做出宽恕的选择方面还有一定的不足。

3.2.2 发展模型

罗伯特·恩莱特等人提出了宽恕发展的六个阶段模式。具体见表3.1。

表 3.1 宽恕发展的阶段模式

皮亚杰道德认知发展阶段	道德与公正阶段	宽恕阶段
前道德阶段	惩罚与服从定向。我相信公平应该由一个可以作出惩罚的权威组织来决定	报复性宽容。当我采用同等水平的报复惩罚了对方之后，我就可以宽恕他了
他律道德阶段	相对公平。我采用互惠的方式来定义对待我的公平，如果你帮助了我，我必定要帮助你	归还和补偿性宽容。如果我能够把我所失去的重新补偿回来，那么，我就会宽恕。或者，当我如果不去宽恕而感到内疚时，我也会通过宽恕来去除这种内疚
自律道德阶段	好孩子公平。这里我主要根据团体成员的感觉来决定对错。我这么做是为了取得同伴的好感	预期的宽恕。当其他人要求我这么做的时候，我便会宽怒
自律道德阶段	法与秩序的公平。社会的法律将指引我作出公平判断。我维护法律，是为了得到一个有秩序的社会	合法的宽恕
自律道德阶段	社会关系定向。尽管存在不公平的法规和游戏规则，但我仍然愿意去维持一定的社会关系。我相信公平和法规是相应于社会的变化而改变的	社会和谐需要的宽恕。我宽恕是为了重建和谐和良好的人际关系，宽恕可以减少社会冲突。宽容是控制社会和维护和平关系的方式
自律道德阶段	人类的伦理定向选择。我对于公平的感受是基于维护全体人类的权益考虑。在我的心中，良知胜过法规	宽恕是爱。我的宽恕是无条件的，因为它提升了我的爱的体验。我必须关爱每个人，他们对我的伤害并不能改变我对他们爱的感受。在这里，宽恕已经不再像阶段五那样由一定的社会关系来决定，宽恕者不会通过给予宽恕来控制对方，而是仅仅给予宽恕

3.2.3 任务-阶段模型

这是一个被广泛接纳的包括一系列按照时间顺序编排的阶段性过程的模型。在过去的半个多世纪中,许多心理学家(Martin, 1953; Loewen, 1970; Augsberser, 1981; Donnelly, 1982; Thompson, 1983; Smedes, 1984; Pettitt, 1987; Pattison, 1989; Benson, 1992; Rosenak et al., 1992)都提出了各种宽恕过程的类型。这些类型基本上是在描述宽恕者与冒犯者在宽恕以及相应的人际交往过程中双方的心理动力过程。按照国外学者的归纳,大多数模型都包括以下要素:认识冒犯行为,决定选择宽恕而不是其他反应,在与宽恕有关的认知、情绪和行为上的具体操作(McCullough et al., 1994)。体验愤怒和承认伤害是这个过程的关键成分,并且这个过程可以持续数月乃至数年,这个观点得到了大部分模型的认可。

罗伯特·恩莱特等提出的个体在宽恕中的四个典型表现阶段具有一定的代表性。第一阶段:暴露阶段,逐渐认识到因特定事件引起的情感伤痛。在此时期,个体会体验深度情感打击,但就是由于愤怒等负面情绪暴露出来,他们才可能得以改变。第二阶段:决定阶段,意识到如果要摆脱痛苦就要做出改变,即个体开始决定原谅伤害他们的人。第三阶段:操作阶段,开始从一个新角度来看待自己所受的伤害,更好地理解冒犯者。第四阶段:成果阶段,开始体验到因宽恕带来的情感轻松。宽恕者在给别人以原谅和道德上的爱时,自身的伤痛也就不治而愈。

3.3 宽恕的研究方法

纵观国内外关于宽恕的研究方法,主要有问卷法、叙事法、故事法以及实验法。

3.3.1　问卷法

用问卷法来研究宽恕主要是为了解决怎样测量宽恕的问题，是目前运用最广的测量宽恕的研究方法。目前关于宽恕的研究，常用的量表主要有三类：从评定方法维度上看，宽恕的测量可分为同伴报告测量、自陈报告测量、旁观者报告测量，以及对受害者行为的测量；从方向维度上看，宽恕的测量主要可分为侵犯者寻求宽恕的测量及受害者给予宽恕的测量；从内容维度上看，宽恕的测量可分为宽恕自己的测量、宽恕他人的测量、宽恕倾向的测量和对具体侵犯的测量。当前，宽恕研究中用得最多的问卷有两类。一类是测量受害者对某个人的某次冒犯的宽恕，其指导语一般为"请你认真回忆一个人，这个人（他/她）在过去的某个时候曾经伤害过你。这个时候，请你设法回忆他/她及你们之间所发生的这件事情。可能你不止受过一个人的伤害。但在回答下面的问题时，请你只考虑其中的一个人"。评分一般都采用五级评分或七级评分法。代表性的问卷有与侵犯有关的人际动机问卷和 Enright 宽恕问卷。另一类问卷是测量宽恕倾向，其指导语大都为"想象一下，下面的场景发生在你身上，根据每个场景所提供的信息，考虑你将宽恕冒犯过你的这个人的可能性"。评分一般都采用利克特式五点量表法。代表性的量表为宽恕意愿量表，其中的一个项目为"如果陌生人闯入你的房间偷了你很多钱，你宽恕他的可能性是极有可能、较有可能、有可能、可能性很小、根本不可能"。纵观国内外关于宽恕的量表，主要有以下 17 种。

《Trainer 宽恕量表》(TFS)

该问卷是第一个测量宽恕的自我报告问卷，由 4 个量表组成。第一个量表是对宽恕的一般测量，而其他三个量表则是对宽恕类型的测量。这三个宽恕类型包括内在的、角色期待和功利的宽恕。Trainer 宽恕量表被成功应用在其他一些样本中，但并没有被随后的许多研究采用。

《Wade 宽恕量表》(WFS)

该问卷测量的宽恕是一个多维概念，包含认知、情感和行为成分，共 83 个题项、9 个维度，分别是报复、解脱、肯定、受伤、情感、回避、求神、和解、怀恨。有研究发现，Wade 宽恕量表每个分量表的 alpha 系数为 0.65 到 0.95（Woodman，1992）。陈祉妍等用 Wade 宽恕量表对中国人进行了测试，以探索其在我国的适应性。Wade 宽恕量表很少被以全量表形式应用，因为它包含的分量表太长，并且关于 9 个分量表效用的信度证据太少，所以 Wade 宽恕量表被修订为一些较短的量表。

《人际侵犯动机量表》(TRIM-12)(TRIM-18)

该问卷有两个不同版本，即 TRIM-12 和 TRIM-18。国外有学者提出，人际侵犯主要引发两种动机成分：①由于受到伤害而引发回避接触的动机，即回避分量表所测量的内容；②由于义愤而引发希望伤害或报复对方的动机，即 REV 分量表所测量的内容。这两个成分共同构成宽恕的核心。最初，国外学者选取《Wade 宽恕量表》的报复和回避分量表，组成测量宽恕的简明量表"人际侵犯动机量表"(TRIM-12)，该量表包括 5 个报复条目、7 个回避条目，计分方式为 5 点计分，分数越高表示宽恕越低。因其简明而获得广泛应用。该量表后经国内学者陈祉妍等修订，经验证发现中文版的 TRIM-12 更适用于中国被试。随后，国外学者在 TRIM-12 量表的基础上加入仁慈维度，编制了 TRIM-18，该量表共 18 道题。

《Enright 宽恕量表》(EFI)

该问卷是由罗伯特·恩莱特等人编制的，主要测量被试对曾伤害过他的人的宽恕程度。包括 3 个分量表：认知、情感、行为，有 60 个项目，外加 5 个项目测量"虚假宽恕"分量表，共 65 个题项，6 级计分。目前已有多国（地区）语言版本。该量表对 14 岁以上的人群都适用。研究表明，该量表具有良好的信效度。

罗伯特·恩莱特宽恕问卷（儿童版，EFI-C）是根据 EFI 修订的，包括 35 个条目（其中包括 5 个条目测量假宽恕分数），采用 4 级计分，需要单个询问，由被试口头回答、测试者填写，测量被试的宽恕得分。该量表包括 3 个分量表：认知、情感、行为，各 10 个条目。儿童版本适用于 14 岁以下的儿童。

《大学生宽恕量表》(FS)

该问卷为 2001 年编制，共有 15 个项目和 2 个维度，分别是消极反应的消失和怀有积极的反应。该量表为 5 级计分，"非常符合"计 5 分，"完全不符合"计 1 分。各题项在因子上的负荷量在 0.50～0.87，总量表和两个分量表的克隆巴赫 α 系数分别为 0.87、0.86 和 0.85。两个分量表和总量表的相关系数分别是 0.52 和 0.75（$p < 0.001$）。

《宽恕可能性量表》(FLS)

该问卷由 Rye 和 Mark 等人编制，包含 10 个项目，分别是 10 个冒犯情境。这些情境是大学生可能会碰到的并能提供有意义的判断的。他们让被试想象自己身处这些情境中，然后考虑自己宽恕冒犯者的可能性。量表为 5 点计分，1 为"根本不可能"，5 为"非常有可能"。例如，"你的一个朋友在你的背后造谣，说你坏话，结果人们不再像以前那样对你好了。你可能原谅他（她）吗？"量表的克隆巴赫 α 系数为 0.85。虽然该问卷最初是为大学生设计的，但是研究者相信这些情境也同样适用于其他人群。目前，该量表在中国使用较少。

2006 年，陆丽青对该量表进行了修订。和原量表相比，修订后的中文版宽恕可能性量表删除了 1 个项目，剩下 9 个项目。经过因素分析，将原英文量表的单因素分为两个因素。其中"重度伤害事件的宽恕倾向"包括 4 个项目，而"轻度伤害事件的宽恕倾向"包括 5 个项目。各题项在因子上的负荷量在 0.44～0.79，总量表和两个分量表的克隆巴赫 α 系数分别为 0.77、0.65 和 0.71。量表的得分越高，表示宽恕倾向的水平越高。陆丽青在研究中发现，该量表同样适用于其他人群。

《宽恕倾向问卷》(TTF)

该问卷由 Brown 编制（Brown，2003），要求被试回答在以往的被冒犯经历中的典型反应，用来考察倾向性宽恕的个体差异，包含 4 个项目，7 级计分，1 为"非常不同意"，7 为"非常同意"。被试在所有项目上得分的总和即为该被试宽恕倾向性的分数，得分越高表明宽恕的倾向性越强。《宽恕倾向问卷》的克隆巴赫 α 系数在 0.70 以上。国内有学者将此问卷用于研究大学生宽恕倾向（徐晓娟，2009；王松云，2021）。

《宽恕态度问卷》

该问卷是用来测量被试将宽恕视为一种美德或者优良品质的程度，同时并不考虑其事实上是否践行宽恕，包含 6 个项目，7 级计分，1 为"非常不同意"，7 为"非常同意"。被试在所有项目上得分的总和即为该被试对宽恕的态度分数，得分越高代表被试对宽恕越持肯定态度。该问卷的克隆巴赫 α 系数在 0.70 以上。

《Mullet 宽恕问卷》(MFQ)

该问卷最初包括 38 个项目，问卷采用 17 级计分，1 为"完全不同意"，17 为"完全同意"。因素分析得到 4 个维度，即"复仇与宽恕""个人与社会环境""宽恕障碍"（与冒犯者有关的环境因素）以及"宽恕困难"（被冒犯者的内在因素）。在之后的研究中，国外学者合并了后两个因素，将四因素精简为三因素，将因素名称调整为"忍耐怨恨""对环境的敏感"和"宽恕意愿"，项目减少为 18 个（Mulle et al.，2003）。近年来，有研究者对该问卷进行了调整，加入了与报复有关的项目，将三因素拓展为四因素，并将第四个因素命名为"报复意愿"，并且证明了该结构在不同年龄段人群中的适用性（Chiaramello et al.，2008）。

傅宏检验了该问卷在跨文化研究中信效度较好的两个分量表在中国样本

中的适合性及其信效度，并对问卷做了相应修订，将经修订后确立的量表称为"中国—Mullet 宽恕问卷（简称 CMFQ）"，该量表最终确定为单因子，共 16 个项目，17 级计分。国内有学者将之用于研究大学生宽恕心理（李兆良，2010；李湘晖，2007）。

《Heartland 宽恕量表》（HFS）

该问卷由 18 个项目组成，分为宽恕他人、宽恕自己和宽恕处境三个维度，每个维度 6 题，采用 7 级计分，得分越高代表越容易宽恕。总量表和各分量表的克隆巴赫 α 系数都在 0.70 以上。在其研究的基础上，很多研究者作出了进一步的探索和分析。鉴于西班牙语中缺乏测量宽恕的工具，有研究通过结构方程模型，运用验证性因子分析法分析 HFS 的结构效度，探讨 HFS 的聚敛效度和区分效度，共 512 名被试参与此次研究。研究表明，8 个项目版本的 HFS 是一个有效和可靠的工具，能有效评估西班牙成年人的宽恕情况（Gallo et al.，2020）。刘天一对该量表进行了修订。

《Hearland 宽恕量表》

该问卷由 24 个项目组成，包含宽恕他人和自我宽恕两个维度，通常用于对被试非情境性的一种对自己和他人倾向性宽恕程度的测量，例如，"大多数时候，我能原谅别人所犯的错误""我常对自己做过的错事耿耿于怀"，采用 7 级计分，从 1 分（完全不符合）到 7 分（完全符合），总分越高，表示个体宽恕水平越高。有研究发现，宽恕他人和宽恕自己分量表具有良好的信效度，宽恕他人、宽恕自己以及总量表内部一致性系数分别为 0.83、0.71 和 0.87（Barber et al.，2004）。国内有学者将之用于研究大学生宽恕心理的特点（王金霞，2006）。

《宽恕性特质量表》（TFS）

该问卷共包含 10 个项目，采用 5 级计分，1 为"完全不同意"，5 为"完全符合"。被试在所有项目上得分的总和即为该被试的宽恕性分数，得分越高表示越容易宽恕。国内有学者将该量表中文版使用在大学生样本中，克隆巴赫 α 系数为 0.83，探索性因素分析结果显示中文版量表与原量表的结构完全一致（张登浩 等，2011）。

《宽恕行为量表》（AFS）

该问卷共有 44 个项目，5 点计分，5 个维度，分别是实际宽恕分数、信任、抗反刍、反憎恶、共情。国内有学者将之用于研究大学生宽恕动机（张红静，2010）。

《寻求宽恕倾向问卷》（DSFQ）

该问卷共 15 题，总分范围为 15～285 分，从"非常不同意"到"非常同意"分成 19 个程度，包含 3 个维度，分别是"无法寻求宽恕""无条件寻求宽恕"以及"对环境的敏感性"，每个维度 5 道题，"无法寻求宽恕"维度低分表示倾向寻求宽恕，"无条件寻求宽恕"维度高分表示倾向寻求宽恕，"对环境的敏感性"维度高分表示寻求宽恕情况倾向受环境影响。赵瑞雪于 2018 年修订该问卷，形成由 14 个题项组成的中文修订版问卷，包含无法寻求宽恕、根据情况寻求宽恕、无条件寻求宽恕 3 个维度，其中根据情况寻求宽恕维度由原问卷"对环境的敏感性"的 5 题删除 1 题后形成，另 2 个维度题项不变。

《青少年宽恕感问卷》

该问卷共有 8 个项目，6 点计分，2 个维度，分别为表层宽恕和深层宽恕。青少年宽恕感总问卷及其两个因子的内部一致性信度都在 0.70 以上。

《青少年宽恕倾向问卷》

该问卷共有 22 个项目，6 点计分，包括人际宽恕和自我宽恕两个分问卷，克隆巴赫 α 系数为 0.80。人际宽恕包括宽恕他人和报复他人 2 个维度，自我宽恕包括宽恕自己和惩罚自己 2 个维度。

《大学生恋爱宽恕问卷》

该问卷共有 27 个项目，6 点计分，4 个维度，分别为报复、回避、宽恕和消极沉思维度。恋爱宽恕水平与报复、回避、消极沉思维度得分呈正相关，宽恕维度与恋爱宽恕呈负相关。4个维度存在反向题，反向计分后算总分。总问卷的内部一致性系数为0.897。有学者将此用于研究大学生恋爱宽恕特点（程天一，2017）。

3.3.2 叙事法

叙事法，亦可称为自我报告法，是一种质的研究方法，旨在通过引导被试细致回顾并叙述某些与侵犯有关的事件。在此过程中，研究者鼓励被试把自己认为重要的或有意义的方面在故事中详细描述出来，然后由研究者对其进行内容分析。叙事法和问卷法常常结合在一起使用，国外运用此种方法研究宽恕较多，但在国内较少。在叙事法中，被试对所回忆事件的主观描述比事件的客观真实性更为重要。这与合理情绪疗法中的ABC理论有一定的共性，即对被试产生影响的不是刺激事件本身，而是被试的信念。叙事法操作起来有一定的难度。被试在叙事中，常常会受到社会赞许性的影响，从而不能真实地反映自身的想法，而研究者由于学历、身份、地位、成长经历等不同，在分析被试叙述的内容时常常很难达到一致的标准。国外学者用此种方法做过一项研究（Zechmeister et al., 2002）。在研究中，主试要求被试叙述两个亲自经历的与侵犯有关的事件，在其中一个事件中，被试是受害者；在另一个事件中，被试是侵犯者。主试要求被试详细叙述这两个事件，在单独评定结束后，如果他们在评定上有差异再对内容进行讨论，直到取得一致为止，从而增加评定的客观性和信度，再以事件中的受害者与侵犯者角色、事件是否被宽恕、评定的变量是否出现为指标对结果做卡方分析，从而得出结果。在运用叙事法进行研究时，研究者关注的焦点并非被试所讲述事件客观事实的准确性，而是深入探索被试在描述事件过程中的主观叙述，这有助于理解被试这样描述事件的动机。

3.3.3 故事法

故事法作为道德心理研究方法由来已久，比如皮亚杰的对偶故事和柯尔伯格的两难故事。既然宽恕是道德心理研究的新主题，那故事法也必然是宽恕研究的主要方法之一。近年来，许多研究者仍在用故事法进行宽恕的研究。故事法的一般程序为先给被试呈现一个或几个故事情境，通过改变相同故事情境中的不同要素来控制相应变量，如冒犯者的角色定位（普通朋友/好朋友）、冒犯者是否道歉等，接下来要求被试填写相应的量表，包括归因、情感反应、行为倾向等。比如，最为经典的是罗伯特·恩莱特的研究，通过对柯尔伯格两难故事结尾的改动，测出了宽恕的发展阶段（Enright，1989）；也有学者以一个经常发生的故事作为研究材料，探讨在四种不同的观点采择条件下，道歉和观点采择在人际宽恕上的效应，同时提出人际宽恕的一个不协调归因模式（Takaqu，2001）。因此，将被试知觉到的伤害程度和愤怒情绪加入研究当中，得出的结论可能会更具有说服力。

3.3.4 实验法

宽恕的实验研究主要包括认知函数的研究和宽恕干预的研究。其中，认知函数的研究主要是为了探究人们在宽恕时如何对不同类型的信息进行加工整合。这种整合的法则大都采用简单的代数运算来描述。国外学者采用此方法研究过宽恕的结构，目的是确定宽恕整合规则——总和或平均法则（Girard et al.，1997）。实验材料是用卡片呈现的 64 个事件。这 64 个事件由不同因素的不同水平组合构成。这些因素及其水平分别为：关系的亲密程度（兄弟姐妹与同事）、行为的意向（有明确目的与无目的）、行为后果的严重程度（中度后果与严重后果）、对行为的道歉或悔悟（道歉与未道歉）、后果的消除程度（后果仍影响受害者与后果已被消除）。这些因素反映了宽恕的原因和在哪些条件下可能更容易宽恕。被试根据每个故事下方的一个12等级的量尺评定自己做出宽恕判断的可能性，量尺左边为"绝对不会"，右边为"绝对会"。结果的分析是对这些赋值的数据进行多因素方差分析，以考察各因素间的相互关系。

宽恕干预的研究主要是为了考察通过宽恕干预来影响人们心理健康的效果。实验前要求被试存在一定的宽恕问题，将被试分成控制组与干预组。对干预组进行干预后，比较控制组与干预组两组在心理健康方面的差异。在有些研究中，控制组在干预组完成干预后，也接受干预治疗。国外学者采用此方法考察过宽恕干预对因伴侣决定堕胎而受到伤害的男性心理健康的影响（Coyle et al., 1997）。研究中把10位此类男性被试随机分成宽恕干预组与控制组。干预组被试依次接受12周、每周90分钟的单独干预。研究中对干预组被试的宽恕、状态愤怒、状态焦虑和悲伤都做了前测与后测。在干预组被试完成干预后，控制组被试开始进行相同的干预，干预后也测量了他们的宽恕、状态愤怒、状态焦虑和悲伤水平。有学者做过一项对以往宽恕干预研究的元分析，结果显示无论在咨询情境还是其他情境中，宽恕干预都是有效的（Baskin et al., 2004）。研究者认为，宽恕疗法具有很好前景的主要原因是它能触及来访者的内心。

四种宽恕测量都各有适应的范围，都能够较好地对个体的宽恕水平进行深入调查研究。

3.4 宽恕的影响因素

宽恕的影响因素一直是心理学研究的重点。宽恕的发生主要受到来自冒犯者、冒犯事件和受害者三方面的影响。

3.4.1 冒犯者

冒犯者的态度在一定程度上决定着受害者的宽恕水平。如果冒犯者对自己的冒犯行为心存内疚，及时诚恳地向受害者道歉并希望得到受害者的谅解，这时容易得到宽恕；但如果冒犯者实施冒犯行为后，认为理所当然，没有任何道歉及悔改之心，且还对受害者有言语或身体上的攻击，这时不但得不到受害者的宽恕，一旦放任恶化下去，甚至会导致报复行为的发生。研究者普遍认为，在众多能够左右受害者宽恕决定的因素中，诚恳的道歉与真诚的悔过显得非常关键，因为它们是在冒犯行为发生后，冒犯者能够主动且独立掌控的两个核心要素。有研究表明，冒犯者与受害者之间关系的亲疏程度、投入及满意程度对宽恕与否也具有很重要的影响。也就是说，受害者在选择宽恕对象时，往往会选择与自己关系较亲密、交流较多以及满意度较高的人。例如，相同的冒犯事件，当冒犯者是自己的亲人或陌生人时，受害者选择宽恕亲人的概率要远大于宽恕陌生人。一项关于大学生宽恕心理的研究发现，在个体周边的所有关系中，父母是最容易得到宽恕的群体；同时，与自身关系越紧密的人，越容易得到宽恕（朱辉宇，2002）。

冒犯者的动机，也是影响宽恕的因素之一。研究发现，冒犯者非故意对受害者造成伤害的行为，虽然对受害者造成了一定程度的伤害，但受害者往往倾向于宽恕对方；若侵害者出自好意并无意伤害受害者，当侵害发生后，受害者认识到对方的真实目的，会比较容易宽恕对方；当冒犯者受他人的胁迫或者受情境的胁迫时，不得已做出侵犯行为，这样的经历被受害者知晓后，受害者往往会选择宽恕；冒犯者出于非善意的中伤行为，希望被冒犯者为此而痛苦，在这种情况下，侵害者比较难以被原谅（张登浩 等，2015）。

3.4.2 冒犯事件

冒犯事件是指引起冒犯行为的外部原因，包括受害者对事件严重性的评价和侵犯后果的严重程度等。冒犯事件对宽恕的影响，往往体现在受害者对冒犯事件的解读，以及冒犯事件给受害者带来的伤害（这个伤害包括心理和生理的伤害）。如果冒犯事件让受害者遭受了经济上的损失、精神上的创伤、躯体上的伤害，并且受害者觉得这种冒犯是故意的，那么受害者做出宽恕行为的概率是很小的；如果冒犯事件没有给受害者在经济上、精神上、躯体上带来伤害，并且受害者觉得冒犯者的初衷是好的，那么受害者易做出宽恕行为。

冒犯事件往往产生一系列后果。研究者从严重程度上，将后果区分为"客观严重性"和"主观严重性"。所谓客观严重性，是指侵犯者的冒犯对客观现实造成的影响，不掺杂任何情感因素。所谓主观严重性，是指被侵犯者对侵犯者的冒犯行为进行严重程度评估，带有较强的个人主观情感。例如，国外有研究表明，宽恕与客观严重性以及主观严重性都呈负相关，而且主观严重性在客观严重性和宽恕之间起中介作用（Fincham et al., 2005）。冒犯次数也在一定程度上影响了被冒犯者的宽恕水平。有研究表明，冒犯行为的发生频率，即冒犯者是初次冒犯还是多次重复冒犯，也是一个不容忽视的因素，它能够在一定程度上影响被冒犯者对于宽恕的考量与决定。

3.4.3 受害者

受害者的人口统计学变量、人格特征、应对方式、归因、移情、沉思以及文化背景等因素在一定程度上影响了受害者是否做出宽恕的选择。

人口统计学变量

年龄是影响宽恕的因素之一。在人口学变量中，年龄和宽恕之间是一种正相关（Girard et al.，1997）。有研究表明，老年人一般比年轻人更容易宽恕冒犯者。罗伯特·恩莱特和他同事研究认为，不同的年龄段对宽恕的理解不尽相同，年少的人更不容易宽恕他人，并且青少年的宽恕态度时常随着周围人的看法而改变（Enright，1991）。

关于性别对宽恕的影响，研究者也得到了不一样的结论。国外有研究发现，男性既不容易得到别人的宽恕，又不容易宽恕别人，在同样的条件下女性比男性更倾向于做出宽恕选择（Walker et al.，2002）；而国内却有学者认为，男女大学生在宽恕倾向、宽恕态度上不存在差异（胡三嫚，2005），故总体来说，性别与宽恕的关系仍然比较模糊。在对大学生宽恕专业影响的研究中，有研究者认为，文科生的宽恕与心理症状的相关程度高于工科生（李湘晖，2008）。

人格特征

人格对于宽恕的影响不因情境、时间和事件的变化而改变，是影响宽恕的一个稳定因素，对宽恕具有独特的预测作用。也就是说，宽恕是某种人格类型者的一种特质。

目前对于宽恕和人格的研究主要是利用大五人格问卷测试。有研究者通过用大五人格问卷对自编的宽恕倾向问卷的区分效度与聚敛效度进行检验后发现，个体宜人性与宽恕倾向存在中等程度的正相关，神经质与宽恕倾向呈中等程度的负相关，开放性、谨慎性、外倾性与宽恕倾向则无显著相关（Berry，2001）。有研究也发现宽恕中的报复、回避和仁慈动机受到大五人格中宜人性的直接影响，而神经质对于宽恕的影响则只能通过受害者对侵犯程度的评价间接影响回避和仁慈动机（McCullough，2002）。有学者从大五人格类型角度出发，发现了外倾性中的友谊感和自信、开放性中的想象和智慧、责任性等因素与宽恕别人以及宽恕自己有关（Walker et al.，2002）。有研究在检验宽恕与大五人格的各维度关系时发现，宽恕与随和性、神经质显著相关，与外向性不相关（Brown，2003）。有研究表明，和人口学变量、共情、社会愿望相比，人格维度对宽恕更具有独特的预测作用，它不因时间、地点、对象、事件的变化而变化，是影响宽恕的一个稳定性因素（Borseet et al.，2005）。思考的灵活性（Enrightet et al.，1989）、发散性思维（Caprara，1986；Capraraet et al.，1992）、对于报复的态度（Emmons，1992；Stucklesset et al.，1992）等也会对宽恕产生一定的影响。有研究表明，这些人格特质可能是通过影响具体的关系风格或者认知风格来影响宽恕的（Asendorpfet et al.，1998）。国外有学者分别对259名和236名年龄在15～79岁之间的个体进行了关于大五维度、特质愤怒等人格变量对道歉与宽恕的调节作用的研究，结果表明宜人性作为唯一的人格维度，调节了道歉与决断宽恕之间的联系（Kingaet et al.，2021）。

国外有学者总结出，具有较高情绪稳定性和宜人性人格特征的个体比较容易宽恕别人。但是，这些研究的一个共同弱项就是他们的被试都来自北美。有关研究认为，宽恕是一个受社会文化背景影响的概念，缺乏跨文化研究使得这些结论有很大局限性。为了弥补这个不足，国外有学者进行了跨文化研究（Watkins et al.，2004）。他们使用大五人格问卷（NEO-FFI）和Mullet宽恕问卷对尼泊尔的218名大学生进行问卷调查，其中男生137人、女生81人，平均年龄为24.7岁。结果发现两个问卷之间的相关性在统计学上达不到显著水平。二者之间是否存在跨文化差异，还有待进一步研究证实。

我国学者徐晓娟的研究表明，宽恕与人格的相关性尤为表现在情绪方面，大学生的宽恕水平与艾森克量表三方面因子的相关显著，与情绪的相关系数高。除此之外，与人格有关的另外一些因素对宽恕也会产生影响。也有学者在以大学生为被试考察道歉对宽恕的研究中发现，宽恕不仅与自恋人格呈现负相关，而且在一定程度上自恋人格能减弱道歉对宽恕的影响（孙财，2012）。

尽管关于宽恕与人格关系的研究结果不一致，但都认同人格特质会影响个体产生宽恕意愿和宽恕行为。

应对方式

应对方式是指个体处于应激环境或遭受应激事件时,为平衡自身精神状态所做出的认知或行为上的努力。个体的应对方式是影响宽恕与否的一个重要因素。当受害者在生活中遭遇负性事件时,采取什么样的应对方式也会对是否做出宽恕选择有着重大影响。

国外有学者认为,当个体受到某种伤害时,自身具有的应对方式要求他们重新审视其信念和价值观,若个体认为宽恕可以释放悲伤、愤怒等消极情绪,则会尽力改变对伤害事件的态度,对冒犯者重新认识,从而宽恕冒犯者;若个体认为宽恕别人会让自己失去更多,则不容易改变对冒犯者的消极认识,宁愿用攻击或暴力做出反应也不愿宽恕冒犯者。

归因

认知是归因的先导性因素,归因是认知的某种结果。归因是指人们在寻找自己荣辱得失、成功或失败时的一种内在的心理活动。

归因可以直接影响宽恕,宽恕也可以通过减少对侵犯事件的消极情绪反应、增加对侵犯者的移情来影响宽恕。国外有研究发现,责任归因与宽恕动机呈负相关。侵犯者的行为如果是出于可控制的原因并且侵犯者不能提出可以减轻其行为责任的原因,那么被侵犯者往往推断侵犯者的行为很大程度上是出于有意的,并认为侵犯者对行为后果所应负的责任更大,对侵犯行为更感到生气,采取报复行为的可能性也更大;对侵犯行为的归因或者解释能预测宽恕,良性归因比不良归因或者促进冲突归因于较高水平的宽恕;归因既可以直接影响宽恕,也可以经由情境性共情和负面情绪反应而间接影响宽恕;积极归因对宽恕有着显著的预测作用(Bradifidd et al.,1999;Fincham et al.,2002;Friesen et al.,2005)。

归因与宽恕的相关研究已经被用于宽恕干预。很多研究表明,改变个体对侵犯事件的看法可能会提高宽恕水平。目前,采用归因训练来提高宽恕水平已被用于临床干预中。

移情

移情最初是弗洛伊德在精神分析中用到的一个术语，用来指心理疾病患者将自己对父母或其他重要人物（如兄弟姐妹、配偶等）的情感和态度转移到治疗者身上，并相应地对治疗者做出反应的过程，亦即在医患关系内发展的、出自潜意识的幻想和治疗的有关体验。

很多学者都认为，移情能力的高低是决定宽恕与否的关键因素之一。有研究结果显示，宽恕程度与移情程度存在正相关。与站在自我角度看待冒犯事件的个体相比，站在冒犯者角度看待问题的个体更可能做出仁慈的归因，体验积极的情感反应，宽恕冒犯者（Rachal，1997）。还有研究发现，移情在宽恕过程中扮演着非常重要的角色，通过移情干预可以增加人们宽恕他人的倾向，移情训练组的被试比控制组被试更容易宽恕他人（McCullough et al.，1998）。也有研究认为，移情是宽恕他人的必要环节之一，并指出宽恕他人包括感到伤害、移情、利他行为、宽恕许诺、宽恕行动等几个步骤（Worthington et al.，2000）。有研究表明，具有较高移情水平的受害者会对冒犯事件做出更积极的归因和描述，因此更容易宽恕冒犯者（Zechmeister et al.，2002）。在宽恕干预中，采用增加受害者的移情来提高其对侵犯者的宽恕水平被证实是一个行之有效的方法。

另有研究表明，移情与宽恕的关系还受到性别的影响。女性具有更高的移情水平，且女性移情与宽恕之间的相关性比男性更显著；但在移情对宽恕的促进作用方面，男性却优于女性。从这个意义上而言，或许移情与宽恕间的性别差异与动机有关，而非与能力有关。尽管女性具有更强烈的移情动机，但她们在现实生活中却显示出较低的移情水平。

有研究指出，移情和宽恕都是归因改变的产物。当受害者改变他们对另一个人伤害或破坏行为的因果归因时，受害者对冒犯者会变得更加移情和更加宽恕（Weiner et al., 1993）。因此，归因理论导致这样的假设，即移情和宽恕相关，不是因为移情引起宽恕，而是因为对冒犯者的归因改变。

沉思

众多研究表明，对消极人际事件和自身负性情感状态的反复沉思会对个体心理健康和人际关系造成负面影响。

许多研究表明，沉思与宽恕呈负相关。有研究认为，沉思能激发攻击和报复倾向，进而使人际压力持续更长时间（Collins et al., 1997）。有研究发现，沉思倾向强烈的人对冒犯者和冒犯行为更有复仇倾向。研究同时指出，对冒犯事件的宽恕有助于减少对冒犯行为的沉思（McCullough et al., 2001）。

国外有学者在2005年的一项研究中发现，在各种各样的沉思当中，我们需要区分可怕的沉思、复仇的沉思、抑郁的沉思，同时我们也需要宽恕的沉思（Berry et al., 2005）。因为不宽恕的人通过反复思虑负性事件，使得自己不宽恕，但是人们也可以通过反复思虑正向事件，使得自己更加宽恕。如果个体对自己所受的侵犯反复思考，那种受伤害时的情景就会不断地涌现于脑海中，这时就会增加个体的愤怒、抑郁，甚至增加报复攻击行为，未解决的侵犯事件会激励人们逃避或者报复伤害他们的人。同时，个体陷入对由自己造成的冒犯事件的沉思时，会体验到较强程度的内疚感，这使他们难以原谅自己的过错行为，无法宽恕自己。很多研究也表明，阻碍受害者做出宽恕决定的因素是受害者不断沉思冒犯事件以及长时间处于愤怒的记忆中。

文化背景

东西方文化背景的不同，也在某种程度上影响了宽恕的产生。对于宽恕的文化差异研究，国内外学者做出了相当多的努力，得到丰硕的成果。国外有学者发现，东西方文化对宽恕的理解存在着差异（Gassin, 2001）。中国有学者基于大学生被试的研究也同样证明，在西方文化中已经证实的相关人格因子如自尊、焦虑与宽恕并没有显著相关，而我国文化因素如人情、面子等与宽恕之间有相关（傅宏，2002）。有研究面向来自日本和西班牙、加拿大和荷兰四个地区的被试呈现了一个发生于室友间的假定的冒犯情境，并提供了 8 种冲突解决的策略（威胁、指责、不予理会、虚假承诺、仲裁、调解、协商、顺从）供他们选择（Leung et al.，1992）。结果显示，日本和西班牙两个代表集体主义的被试集体更多地选择协商、顺从等解决方式，较少选择威胁、指责或不予理会等对抗的方式；而代表个人主义的加拿大和荷兰被试则更多地选择责备等攻击性较强的方式。不难看出，在面对相同的冲突情境时，集体主义文化背景下的人们会更多地采用有利于社会和谐的冲突解决方式。有研究以印尼和法国大学生为被试，研究东西方文化背景下的个体的宽恕，结果发现，在法国样本中得到证实的宽恕三因子模型（持久的怨恨、迫于压力下的宽恕以及自愿的宽恕）在印尼样本中同样得到证实，而且集体主义文化背景中的印尼学生比个人主义文化背景下的法国学生在迫于压力下的宽恕和自愿的宽恕因子上得分高，在"持久怨恨"这一因子上得分低（Christiany et al.，2007）。也有研究表明，宽恕不受文化影响（Vinsonneau，2001）。因此，跨文化研究也有待学者进一步探讨。

3.5 宽恕的分类

宽恕是伤害事件双方在动机、认知、情感和行为上逐渐由消极向积极转变的过程，包括自我宽恕、人际宽恕和寻求宽恕。

3.5.1 自我宽恕

尽管国外有学者曾简略地提到过自我宽恕（Rutledge，1951；Arend，1958；Carter，1971），但对自我宽恕的正式研究始于国外学者 1974 年发表的一篇关于自我宽恕的哲学论文（Horsbrugh，1974）。该文构建了一个过程，即人们是如何用与己为善的信念、情感和行动来代替自责、羞愧和自我惩罚的，随后对自我宽恕的研究在深度和广度上有了很大的发展。自我宽恕是指当自己是侵犯者时，发生于自己内部的对待自己的动机，由报复转向善待的变化。自我宽恕的概念在其对象、过程、实质和价值方面都存在着争议，即自己与他人、给予与寻求、特质与情境、积极与消极的争论。自我宽恕不同于人际宽恕，它是发生于自我内部的解决由自己的冒犯行为带来的负面影响的过程。研究者常将自我宽恕分为特质自我宽恕、状态自我宽恕两种类型。特质自我宽恕是从人格层面进行定义的，它具有跨时间和跨情境的稳定性。状态自我宽恕是一种回顾性的体验，指个体宽恕自己过去经历的侵犯行为事件，在思想、情绪和行为上有所转变。状态自我宽恕会受事件发生的情境、事件的性质、侵犯事件中两人的关系、受害人的人格等因素影响。

自我宽恕是宽恕的重要组成部分，也是近几年来逐渐兴起的健康心理学的热点问题。众多国内学者探讨了自我宽恕的特点（单家银，2008；祁焦霞，2009；喻丰，2009；胡蕾，2011）。国外有学者采用艾森克人格问卷（EPQ）（修订版）、宽恕情境问卷，对324名在校大学生的人格、自我宽恕、人际宽恕进行了测量，结果表明自我宽恕与人格、健康存在相关，其中与神经质、抑郁、焦虑显著相关（Maltbly，2001）。张笑以大学生为研究对象，探讨自我宽恕与主观幸福感的关系，研究结果显示，自我宽恕的消极维度与主观幸福感呈显著负相关，而自我宽恕的积极维度与主观幸福感呈显著正相关。李仁山采用自编《大学生自我宽恕问卷》对678名大学生展开问卷调查，结果发现：大学生的自我宽恕行为的水平最高，而自我宽恕意向的水平最低。研究者对大学生自我宽恕与睡眠之间的关系也进行了一定的探讨，结果显示，自我宽恕行为、自我宽恕信念和自我宽恕意向均与入睡时间呈显著相关，自我宽恕意向和自我宽恕能力有助于改善睡眠障碍，自我宽恕能力能降低催眠药物的使用率，自我宽恕意向对日间功能障碍有积极作用。梁媛的研究结果表明，大学生的自我宽恕不仅能直接对主观幸福感产生影响，还可以通过情绪对学生的主观幸福感产生影响，其中情绪在两者之间起到了部分中介作用。自我宽恕是一种保护，一个人自我宽恕水平越高，他就越能正视自己所犯的过错，能够正视行为本身，接纳负面情绪，原谅自己，从而产生积极的情绪，获得较高的幸福感；相反，如果犯了错，终日耿耿于怀，那么就会体验到更多的消极情绪，生活满意度也随之下降。所以，积极的认知会提高幸福感。

人口统计学变量也在一定程度上影响了大学生自我宽恕水平。陈雅彬用编制的大学生情境性自我宽恕量表对859位大学生进行调研发现，女生比男生更容易自我宽恕；低年级学生比高年级学生更容易自我宽恕；非独生子女比独生子女更容易自我宽恕。王琼采用多元回归分析和结构方程研究了大学生自我宽恕倾向对人际适应性的影响：以自尊和领悟社会支持为中介变量，发现大学生自我宽恕倾向既可以直接影响人际适应性，也可以通过自尊和领悟社会支持间接对人际适应性产生影响。

自我宽恕可促进大学生协调好人格内部"本我""自我""超我"相互之间和谐融洽的良性关系，避免过多的负面影响，有利于大学生真正悦纳自己，提高大学生的生活满意度。值得注意的是，在研究中也发现，过高的移情能力会使得大学生将责任全部归咎于自己而不能原谅、宽恕自己。所以在自我宽恕教育方面，应该适时、适势地引导大学生提高移情能力，努力使他们做到不过度移情、不自暴自弃。

3.5.2 人际宽恕

一些理论家指出，人际宽恕过程应该包括侵犯者和受害者两方面。有研究认为，宽恕包括五个阶段：①拒绝寻求报复或者承认关系的破裂；②原谅或者渴望重新建立关系；③抱怨或者向侵犯者诉说侵犯事件对双方关系的伤害；④侵犯者后悔、道歉；⑤双方重新建立起更成熟的关系（Martin，1953）。有研究认为，人际宽恕不仅是被冒犯者对冒犯者的怨恨和愤怒化解的过程，同时，受害者会以仁慈的态度来对待冒犯者（North，1986）。这种定义更多地关注受害者在受到冒犯之后对待冒犯者的情绪变化。

国内有学者探究了大学生甜、苦味觉与人际宽恕的关系。研究结果显示，甜、苦味体验能够影响人际宽恕反应。在经历不公平冒犯情境后，拥有甜味体验的人会做出更多的宽恕行为，而拥有苦味感知的人则会做出更少的宽恕行为（骆成英，2023）。这一结论加深了人们对宽恕的影响因素及人类味觉行为效应的理解。

人际宽恕通常被认为是一种修复关系与治愈内心创伤的方法，可以增强情感联系。国外一项研究以寄养孩子为被试，探索两代间未缓解的伤害对未来亲子关系潜在的影响（Hodgson，2007）。研究发现，大多数被寄养的孩子因为时常发生亲子冲突而被虐待，进入收养所后，有了更多的心理创伤，愤怒和恐惧导致他们破坏正常的人格发展，无法健康地成长，成年后与孩子的亲子冲突会更频繁，成为不合格的父母。但通过宽恕化解童年创伤的个体，不仅可以健康地长大，而且在成为父母后可以更敏感、细心地照料孩子。

人际宽恕能让人产生爱、希望、怜悯、同情等情绪，让人愿意从他人的视角考虑问题。加强大学生人际宽恕教育，有利于加强积极情感沟通、强化自身共情、增强亲社会倾向、创建和睦的人际关系，对国家、社会、个人层面均有重要意义。

3.5.3　寻求宽恕

寻求宽恕研究来源于宽恕研究，是对宽恕研究的一个延续。2000 年，国外有学者首次开展了寻求宽恕的实证研究（Sandage et al., 2000）。寻求宽恕是指冒犯者主动寻求受害者宽恕自己的过程，包括道歉、非言语保证、解释和赔偿等。相对于自我宽恕和人际宽恕，寻求宽恕是冒犯者进行人际修复、承担道德责任的行为。大量研究表明，寻求宽恕有利于减少冒犯者与受害者双方诸如愤怒与内疚等负面情绪，修复受损的人际关系，形成良性循环。

费杉杉的调查结果显示：伤害他人后，60.8%的大学生选择采取措施寻求对方的原谅；34.3%的学生只是感到愧疚，不会有实际行动；4.9%的学生觉得无所谓。此外，90.9%的大学生在伤害他人后渴望得到宽恕，被宽恕的大学生几乎都会有积极正向的想法和行为。可见，大学生对被宽恕的需求较为明显。有研究表明，寻求宽恕的动机会随着年龄的增加而增强，年龄较大的个体更倾向于将原谅视为维持社会关系的行为。大学生寻求宽恕，更多是为了维护人际关系，或者对寻求宽恕有更深层次的理解。

寻求宽恕教育是宽恕教育的重要组成部分。赵瑞雪修订寻求宽恕倾向中文版问卷，并用此问卷调查大学生寻求宽恕的现状，提出从个人、学校、家庭以及社会四个层面相互结合，为大学生寻求宽恕品质的培养提供对策。对策具体包括：自我认知以及对人格的积极塑造；通过课堂与课外活动培养寻求宽恕的理念，通过心理辅导与思政教育内化寻求宽恕品质；通过父母的榜样作用以及家庭与社会寻求宽恕和营造宽恕的氛围。

3.6　宽恕的相关研究

3.6.1　宽恕与幸福感的研究

宽恕是一种对人际关系伤害的积极心理回应。近年来，随着积极心理学的发展，人们开始将研究重点慢慢转向宽恕与幸福感的关系。幸福感是积极心理学领域的重要研究方向之一。它主要包括三个方面：①主观幸福感（Diener，1999），指人们对自身生活的满意度及其各个方面的全面评价，表现为积极情绪占主导的心理状态；②心理幸福感（Ryff，1995），指个体心理机能的良好状态以及自我潜能的充分实现；③社会幸福感，指从更为广阔的社会领域里去探索人的良好存在状态。大多数研究显示，宽恕与幸福感存在显著的正相关关系。目前研究表明，宽恕除了可以提升我们的幸福感，对宽恕进行有效的干预还有助于使受害者减轻痛苦，消除愤怒，维护身心健康，从而改善人际关系。

在国外现有研究中，有学者以 244 名英国大学生为被试研究宽恕与享乐（短期幸福）和幸福（长期幸福）的关系，结果显示宽容与享乐和幸福相关，消极的宽容的认识与短期的幸福有着独特的联系，同时积极的包容和宽容的行为与长期幸福相关（Maltby et al.，2005）。

我国学者对大学生宽恕与幸福感的关系进行了大量的研究，主要是研究宽恕与主观幸福感的关系。具体来说，宽恕与主观幸福感的具体指标如生活满意度、积极情感、消极情感相关。个体对整体生活的满意度越高，体验到较多的积极情感、较少的消极情感，则个体的主观幸福感越强。黄华金的研究采用了主观幸福感问卷和 Hearland 宽恕量表对 237 名大学生进行问卷调查，发现大学生的主观幸福感与宽恕心理呈正相关，并且存在性别差异，女生主观幸福感与宽恕心理的相关程度显著高于男生（黄华金，2009）。刘会驰等人以中国大学生为被试，研究宽恕与主观幸福感之间的关系，结果表明，宽恕对主观幸福感有直接影响，也通过人际关系满意感间接影响主观幸福感（刘会驰 等，2011）。张建育等人对在校大学生的宽恕心理和主观幸福感进行研究，结果表明宽恕水平对主观幸福感具有一定的预测作用，提高大学生的宽恕水平，可以更好地增强其主观幸福感（张建育 等，2011）。姜永杰等人发现在大学生群体中，宽恕可以直接或间接地通过人际关系的作用来提升个体的主观幸福感，减少个体的负性情绪。宽恕倾向各维度在一定程度上可以预测主观幸福感（姜永杰 等，2016）。于宏伟以大学生群体为研究对象，发现宽恕与生活满意度、积极情感等呈正相关，宽恕可以显著预测大学生的主观幸福感（于宏伟，2017）。王垒等人对564名大学生进行调查，发现人际宽恕和自我宽恕均与主观幸福感存在显著正相关（王垒 等，2018）。

宽恕水平高的大学生往往能够从积极的方面来看待自己，具有更高的自信水平，对生活抱有一种淡然的态度，不将他人的过错与自己的成败看得过于重要，也不会因为一时的失误而一蹶不振，因此能够维持较高的幸福感；而不宽恕或宽恕水平较低、报复欲强的大学生，他们长期承受和体验着不宽恕状态对身心的压力，这种不宽恕交织着苦恼、愤怒、敌意、不满、仇恨和恐惧等种种负面情绪，还有强烈的自卑和自弃，这些都会导致较低的幸福感水平。故而，宽恕是提升个体幸福感行之有效的途径，可以通过加强对大学生的宽恕教育，进而提升他们的满意度和幸福感。

3.6.2 宽恕与心理健康的研究

19世纪60年代初，关于宽恕和心理健康的探讨就已悄然兴起。长期以来，心理学界对心理健康的探讨主要聚焦于其负面维度，直至积极心理学崛起，这一趋势才得以扭转。积极心理学的崛起促使人们开始重视并探索心理健康的正面维度。宽恕是一种积极的心理品质，可以作为一种应对伤害事件的情绪应对策略，帮助受害者释放愤怒、敌对、烦恼、悲伤等负面情绪，减轻负面情绪对一个人的身心系统造成的负担。

20世纪七八十年代，研究者注意到"宽恕"能改善个体心理健康水平，国外有学者报告了一例25岁女性的案例（Hunter，1978）。该女性因经常达不到母亲的高标准要求而受到数落，心中的愤怒最终导致焦虑和抑郁症状，并把愤怒发泄在家人身上。在咨询中，宽恕父母让她产生了更多对自身行为的责任感，也让她体验到更多的自我接纳和珍贵的友情。有学者也报告了类似的案例，他们发现：帮助来访者宽恕冒犯者能减少来访者的愤怒、焦虑和抑郁；当人们学会宽恕别人，也就学会了用更恰当的方式表达愤怒（Fitzgibbons et al., 1986）。

众多研究结果均显示，宽恕与心理健康存在显著相关。国外有学者在大学生群体中发现，宽恕水平低的人具有更多的焦虑、抑郁等消极的情绪体验，反之，如果个体易于宽恕他人，那他对生活中的负性事件就有较少的消极体验，负性情绪也更少（Exline et al., 1999）。有学者提出，宽恕是对敌意最好的解药。李湘晖探讨了大学生宽恕与心理健康水平的关系，结果显示，大学生宽恕与心理症状呈负相关（李湘晖，2008）。李兆良对大学生宽恕与焦虑的相关性进行了研究（李兆良，2010），结果显示，宽恕水平越高的大学生，其焦虑水平越低。为了验证宽恕与心理健康的关系，学者们在研究中常常把生活满意度作为一个心理健康指标。陆丽青指出，宽恕倾向与生活满意度呈正相关，而情景宽恕的高低与生活满意度没有关系（陆丽青，2006）。有研究表明，宽恕与生活满意度的关系会受个体应对风格的影响。具体而言，当被试是外向型应对方式时，高宽恕倾向与高生活满意度有联系，呈现正相关关系；当被试是内向型应对方式时，高宽恕倾向与低生活满意度有联系，呈现负相关关系。

也有学者对大学生宽恕与抑郁的关系作出了初步探索，研究结果表明，宽恕对抑郁有着负性的预测作用。芦晓立等人的研究表明，宽恕能够有效干预高校学生因恋爱受挫所致的抑郁（芦晓立 等，2007）。宽恕倾向高的人群的抑郁倾向要比宽恕倾向低的人群更低，幸福感更高。宽恕水平越低的个体出现抑郁症状的可能性越高，这也许是由于宽恕水平较低的个体在被人攻击时更容易反复思考攻击事件，因此也更容易报复对方。而对攻击事件的反复思考与报复倾向都会增加一个人的抑郁倾向。同时，研究者也发现，大学生的宽恕倾向和宽恕态度的相互作用以及宽恕倾向和报复倾向之间的交互作用对抑郁均没有显著预测作用。这说明那些不宽宏大量（宽恕倾向低）但也不是睚眦必报（报复倾向低）的人，未必会体验到更高程度的抑郁。

3.6.3 宽恕与攻击行为的研究

根据宽恕的定义，宽恕实际上是从一种消极的状态转变为积极状态的过程。宽恕作为一种积极的心理品质，在国内外的研究中均被证明能够有效降低被试的愤怒和焦虑等消极情绪，增加积极情绪，降低报复动机和减少攻击行为，对大学生维持良好的人际关系、增进与同伴之间的交往具有重要作用。

国内外学者围绕大学生宽恕与攻击行为的主题进行了大量的研究。有学者对大学生样本研究后发现，大学生的宽恕和攻击行为之间存在明显的负相关关系，低宽恕水平个体攻击行为发生的可能性高于高宽恕水平个体（Webb et al.,2012）。有学者从宽恕与负性情绪关系的角度出发，研究发现高宽恕水平的个体能体验到更多的积极情绪，而宽恕水平低的个体伴有更多的焦虑、愤怒等消极情绪（Merolla，2014）。梅亮的研究表明，大学生的宽恕特质与情景宽恕水平都与攻击行为倾向呈中等程度的负相关，并且与敌对、愤怒、身体攻击、言语攻击倾向都呈负相关，还证明大学生的宽恕特质与情景宽恕水平对攻击行为倾向有较强的负向预测作用（梅亮，2011）。陈雪针对大学生的宽恕、归因及攻击关系进行研究，得出个体的宽恕水平对其攻击性行为有着显著的预测作用的结论（陈雪，2013）。陈晓等人在研究宽恕和报复对降低愤怒情绪的作用时发现，宽恕对降低个体愤怒情绪的作用会更好一点（陈晓 等，2017）。姚碧芳在对大学生宽恕与攻击之间的关系进行分析时发现，宽恕能够通过情绪调节策略间接影响攻击性（姚碧芳，2018）。

这些研究结果均显示，宽恕与攻击之间存在显著的负相关，在人际交往中一旦发生冲突，宽恕就会在缓解冲突中起到重要作用，能抑制自身的冲动行为从而降低负性情绪，减少攻击行为的产生，并且宽恕水平越高的大学生就越能将问题简单化，以最大程度地降低外界带来的伤害，故提高个体的宽恕水平会减少攻击事件的发生。

3.6.4 宽恕与同伴关系的研究

大量的研究表明，积极的人际宽恕可以让学生更好地维持同伴关系。田录梅等人发现，个体的同伴接纳程度越高，就越能宽恕自己或他人（田录梅 等，2015）。

3.6.5 宽恕与反刍思维的研究

国外有学者提出了反应风格理论，并据此提出了反刍思维的概念（Hoeksema，1991）。反刍思维是指个体在经历压力事件后对负面事件产生自发性反复思考的倾向。

国外有学者提出了社会心理宽恕模型，该模型认为社会认知变量与宽恕关系密切（McCullough，2002）。反刍思维作为十分重要的社会认知变量，是一种应对消极事件的负性认知过程，处于反刍中的个体不仅会反复回忆冒犯事件的具体细节，也会经常思考冒犯带来的消极后果，随着体验愤怒情绪次数的增多，回避动机与报复动机就会增加，对个体的宽恕行为产生很大的消极影响，阻碍宽恕认知的发生。众多学者的深入研究发现，个体的反刍思维倾向与其宽恕之间呈现负相关，即反刍思维越强烈，个体越难以做出宽恕的决定。这种心理状态不仅阻碍了有效的人际交往，还可能在日常生活中引发一系列负面影响。更重要的是，长期的反刍思维还会对个体的生理和心理健康造成不可忽视的损害，影响其整体的生活质量和幸福感。王金霞在对大学生宽恕的调研中发现，反刍思维与个体宽恕自己和宽恕别人这两种行为都呈现出了明显的负相关（王金霞，2006）。唐顺艳等人的研究发现，反刍思维和宽恕的2个维度（回避和报复动机）有着明显的正相关性（唐顺艳 等，2012）。张珊珊等人在研究大学生人际宽恕与反刍思维的关系时，指出反刍思维会影响当下的人际宽恕水平，阻碍将来的人际宽恕发展（张珊珊 等，2017）。在受害者中，若存在强烈的反刍思维倾向，他们在遭受侵犯后往往会深陷于对事件的反复思考与自我伤害的感受之中。这种持续的负面循环不仅加剧了他们的消极情绪，还进一步加深了他们对侵犯者的怨恨与抵触，最终降低了他们宽恕对方的可能性。总而言之，反刍思维会使个体降低宽恕水平，令个体体会到更多的报复和回避动机，减少了对他人仁慈的动机。

3.6.6 宽恕干预的研究

宽恕干预在多种情境下都有益于人的身心健康。它可有效降低人的抑郁、焦虑、愤怒、悲伤、敌对、偏见、报复、仇恨、攻击性等消极心理体验，提高人的自尊、共情、希望等积极心理体验。在干预对象上，宽恕干预的应用范围十分广泛，如在学校教育中可应用于学生的心理健康教育、同伴关系以及师生关系的改善；在咨询中可应用于家庭婚姻咨询、情感受害者、童年被虐待者等；在医疗方面，可以应用在癌症患者或者肺病患者身上。国外有学者做过一项对以往宽恕干预研究的元分析，结果显示无论在咨询情境还是其他情境中，宽恕干预都是有效果的（Baskin et al.，2004）。

基于宽恕干预模式，国内外很多研究者设计出有针对性的方案对受冒犯者进行宽恕干预。国外有学者进行了一项宽恕训练效果研究，干预内容结合了积极情绪技术，干预对象为55名有未解决的人际伤害的大学生。训练每周进行1

小时，共持续 10 周（Ruskin，1998）。研究结果显示，实验组在愤怒管理、伤害感知程度、运用宽恕作为解决策略、认同宽恕有助于处理人际伤害等方面显著优于对照组。在追踪研究中，干预效果仍在持续，实验组被试持续愿意选择宽恕作为解决问题的策略，在心理功能这个变量的未来、自我和生活原则 2 个维度上也有显著提升。方自刚以正在遭受或曾经有过亲子冲突的大学生为研究对象进行宽恕干预，结果显示，小组和群体之间的宽恕干预有助于大学生摆脱在亲子冲突中的消极应对方式，采取更多积极的应对方式，对于提高家庭亲密度和环境适应性有明显的促进作用（方自刚，2014）。赵永婧研究了宽恕团体干预对大学生敌意的干预效果，结果显示，宽恕团体干预可以有效提高情境性宽恕水平（赵永婧，2016）。龙翔的研究发现，大一新生的宽恕水平较低，对其进行有针对性的团体心理辅导后发现，其宽恕水平得到普遍提升，且追踪研究表明干预具有持续效果。以上研究均证明，通过有针对性的团体心理辅导，宽恕水平将得到有效提升（龙翔，2016）。

东西方关注的研究对象有所不同。东方国家将宽恕干预作为学校教育情境中的一种教育手段，以此培养学生的宽恕心态，提高其心理健康水平。而西方国家则更看重宽恕在解决问题学生在应对人际冲突以及生活压力事件中的作用，更多的是发挥宽恕干预作为心理辅导干预的作用。

第4章 《大学生宽恕量表》修订

4.1 研究目的

从中国的文化背景出发,修订适合大学生的宽恕量表,为探讨大学生宽恕状况提供有效的测量工具,从而为更科学、客观地了解我国大学生宽恕发展特点提供依据。

4.2 研究意义

4.2.1 理论意义

在前人对宽恕研究的基础上,修订宽恕量表,扩大研究对象,丰富宽恕研究的理论基础,补充宽恕领域的实证研究,为宽恕的理论建设添砖加瓦,为将研究成果应用到心理咨询、学校教育、家庭养育等领域提供了可能性和理论依据。

4.2.2 实践意义

宽恕的研究离不开科学的测量工具,目前国内对于大学生宽恕的研究大多直接采用国外的问卷调研,但是不同的文化对于宽恕的理解可能是不同的,故应修订适宜本土的宽恕量表,为今后宽恕教育教学和干预的研究提供一定的测量工具。

4.3 研究内容

4.3.1 初步构建宽恕量表结构

根据国内外相关文献资料,通过访谈法,结合中国文化特征,初步构建宽恕量表结构。

4.3.2 修订《大学生宽恕量表》

在明确宽恕感内涵与结构的基础上,参考中国学者张海霞翻译的国外学者 Thompson 等人修订的《Heartland 宽恕量表》和《Hearland 量表》,根据我国大学生的心理特点,修订本土化的《大学生宽恕量表》,并检验其信度和效度。

4.4 研究方法

本研究从学科发展的需要和教育实践的需求出发,采用理论建构和实证探索相结合的研究思路，逐步实现既定的研究目标。具体的研究方法如下。

4.4.1 文献分析法

文献分析法是当前科学研究中采用最多且最基本的研究方法之一。本研究通过网络查阅、期刊检索、阅读专著等途径广泛搜集与本课题相关的文献，建立一定的理论基础，总结出该领域的研究现状，并借鉴文献中的理论精华，为论文写作提供有价值的参考。

4.4.2 问卷调查法

问卷调查法也称为问卷法，是国内外社会调查中较为广泛使用的一种方法，是调查者运用统一设计的问卷向被选取的调查对象了解情况或征询意见的调查方法。本研究在查阅文献的基础上，对本科生、硕士生两大群体发放调查问卷，收集研究所需的有效信息及数据。

4.4.3 访谈法

访谈法是通过与研究对象或与研究对象有关的人进行口头交谈的方式来收集研究资料的一种方法。在访谈过程中，研究者与受访者进行面对面或电话交流，通过询问开放性问题和封闭性问题，引导受访者自由地表达自己的看法和经验，从而获得深入的信息。本研究对部分大学生、心理学专家学者就问卷的修订进行访谈。

4.4.4 统计分析法

统计分析法是通过对研究对象的规模、速度、范围、程度等数量关系的分析研究，认识和揭示事物间的相互关系、变化规律和发展趋势，借以达到对事物的正确解释和预测的一种研究方法。本研究将采用 SPSS17.0 和 AMOS24.0 统计软件对回收的调查问卷进行数据处理和分析，以保证数据统计的科学性和严密性。

4.5 预测问卷修订

首先，对本科生进行关于宽恕的深度访谈。根据有关宽恕理论、国内外有关研究及研究目的，列出研究访谈提纲和问题。访谈提纲中列出的问题较为开放，使受访者有足够的空间选择谈话内容。访谈内容涉及以下几个方面：如何理解宽恕？在哪些情境下受到过别人的伤害？当受到伤害时，在哪种境遇下容易宽恕他人？当自己犯错误时，是否会接纳、原谅自己？随着时间的推移，是否会原谅他人或自己所犯的错误？访谈结束后，通过受访者的经历了解问题，对访谈内容进行整理和分析，初步获得大学生宽恕的内涵及指标体系。其次，参考中国学者张海霞翻译的国外学者 Thompson 等人修订的《Heartland 宽恕量表》和 Hearland 修订的《Hearland 量表》，将问卷分为宽恕自己和宽恕他人 2 个维度，包含 12 个项目，其中宽恕自己是指原谅自己所犯的错误，对自己由憎恨转变为理解的心理过程；宽恕他人是指受害者在受到他人伤害后，自愿停止报复并善待侵犯者的心理过程。问卷采用 Likert7 点式计分，其中 1 分为明显不符合，2 分为不符合，3 分为有些不符合，4 分为介于中间，5 分为有些符合，6 分为符合，7 分为明显符合。为验证所设想的宽恕量表的理论构想与现实工作的合理性，特邀请心理学老师、心理学硕士生对问卷进行评定。大家认为，问卷基本令人满意。最后随机抽出 150 名大学生进行开放式调查，大家反映没有出现难以理解或有歧义的项目。故将修订问卷确定为 12 个项目，分别为宽恕自己和宽恕他人 2 个维度。

4.6 预测

4.6.1 施测

本研究选取本科生作为研究对象，采用纸质问卷随机抽样发放。由研究者和熟悉问卷调查的心理学专业硕士生担任主试。施测程序为：主试宣读指导语，提示被试答案无对错之分，按照实际感受认真回答，如有问题可举手示意；测试过程中，主试尽量不来回走动，以免造成不必要的干扰。测试结束后，由测试员回收试卷。本次调查共发放问卷 120 份，回收问卷 95 份。剔除有明显规律作答、随意作答、不完整作答、答题意思前后矛盾等无效问卷 21 份，最终获得有效问卷 74 份，有效问卷占回收问卷的 77.90%。

4.6.2 统计方法

预测问卷使用 SPSS17.0 统计软件对数据进行项目分析、探索性因素分析，从而确定问卷的结构。$p < 0.05$ 表示差异具有统计学意义。

4.6.3 项目分析

项目分析法：从狭义上，对量表题目的区分度进行分析；从广义上，还包括定性分析，即从题目的思想性、内容取样的适切性以及表达是否清楚等方面加以评鉴。本研究依据标准差、临界比率法、题总相关法等进行项目分析，具体方法如下。

标准差

标准差的大小反映了被试得分分布的范围，项目的标准差越大，被试在该项目上得分分布越广，体现项目能够鉴别个体反应的差异，反之亦然。按照此理论基础，剔除标准差低于 0.50 的因子。本问卷显示各因子及各项目的标准差均大于 0.50，说明问卷的鉴别力较好。

临界比率法

临界比率法是将被试的量表总分按高低排列，然后取得分最高的 27% 的被试作为高分组，得分最低的 27% 的被试作为低分组，对高、低两组被试在每一个项目上得分的差异进行显著性检验。当检验结果达到显著水平时（$p < 0.05$ 表示"显著"，$p < 0.01$ 表示"很显著"，$p < 0.001$ 表示"非常显著"），意味着该题项目能够鉴别不同受试者的反应程度，即表示该题具有鉴别力，有存在的价值；反之，p 值未达显著性，则可考虑删除该题项。经过独立样本 t 检验，剔除项目 1、3、5 后，本问卷所有题项的临界比率值均达到显著水平，说明问卷的鉴别力良好。

题总相关法

题总相关是求量表中各个项目与总量表得分的相关系数，一般用鉴别力指数 D 来表示，D 值越大，鉴别力越高，反之则越低。根据金瑜所提出的标准，当 D ≥ 0.4 时，表示项目评价优良；0.3 ≤ D ≤ 0.39，表示项目评价良好，如能修改会更好；0.2 ≤ D ≤ 0.29，表示项目尚可，但仍需修改；D ≤ 0.19，表示项目差，必须淘汰。结果显示，其余 9 个项目与总分之间的相关均在 0.3 ~ 0.7 之间，无须删除项目。

综上所述，删去项目 1、3、5，剩余 9 个项目。

4.6.4 探索性因素分析

探索性因素分析法是一项用来找出多元观测变量的本质结构，并进行处理降维的技术。当量表本身的维度未知时，采用探索性因素分析可以确定哪些题项属于哪个维度，即找维度、做归纳。在探索性因素分析中，研究者对于能够得到的因素并没有预先的理论假设。因此，探索性因素分析通常用于研究的最初阶段。

对剩余的 9 个项目做探索性因素分析，以得出问卷的结构。在探索性因素分析前，首先需要进行数据合适性的检验。采用 KMO 检验发现，样本 KMO 值为 0.716，高于 0.7。KMO 值通常按以下标准解释：0.9 以上表示非常好，0.8～0.9 表示好，0.7～0.8 表示一般，0.6～0.7 表示差，0.5～0.6 表示很差，0.5 以下表示不能接受。巴特利特球形检验（Bartlett's Test of Sphericity）显示，卡方值为 160.977，自由度为 36，显著性为 0.000，低于显著水平 0.005。因此，数据适合做探索性因素分析。

在因子分析的结果中，用于评价结构效度的主要指标有累积贡献率、共同度和因子负荷。累积贡献率反映公因子对量表或问卷的累积有效程度，共同度反映由公因子解释原变量的有效程度，因子负荷反映原变量与某个公因子的相关程度。累积贡献率越高，说明提取的这几个公因子对原始变量的代表性或者解释率越高，整体效果就越好。累积贡献率越低，说明提取的公因子的代表性或者解释率越差，效果就越差。

采用主成分分析法，正交旋转最大方差法提取共同因素。常用的标准为因子负荷量，通常认为负荷量在 0.3 以上（Nunnally，1994）。也有学者提出了如下的标准：大于 0.71 为优秀，大于 0.63 为非常好，大于 0.55 为好，大于 0.45 为一般，大于 0.32 为差（Comrey，1973）。本研究共抽取 2 个因素，项目在所属因素上的最高负荷为 0.796，最低负荷为 0.604，具体见表 4.1。量表累积贡献率为 51.624%，大于 50%，具体见表 4.2。

表 4.1 《大学生宽恕量表》旋转后因子的结构

项目	因素	
	宽恕自己	宽恕他人
A2 我会因为自己所做的错事而怨恨自己	0.757	—
A4 一旦我犯了错误，我就很难接纳自己	0.648	—
A6 我会因自己产生不好的想法、说错话或做错事而不停地责备自己	0.796	—
A7 对那个我认为做了错事的人，我会一直惩罚他	—	0.636
A8 随着时间的推移，我会原谅别人曾经犯过的错误	—	0.688
A9 对那些曾经伤害过我的人，我始终没有好脸色	—	0.684
A10 尽管别人曾经伤害过我，但我总能把他们当成好人看待	—	0.604
A11 如果别人伤害了我，我就会一直认为他们不好	—	0.678
A12 我最终能忘却别人带给我的伤痛	—	0.616

注：负荷值＜0.400 的没有标出。

表 4.2 《大学生宽恕量表》解释的总方差

序号	初始特征值			提取平方和载入			旋转平方和载入		
	合计	方差/%	累积/%	合计	方差/%	累积/%	合计	方差/%	累积/%
1	3.159	35.099	35.099	3.159	35.099	35.099	2.737	30.414	30.414
2	1.487	16.525	51.624	1.487	16.525	51.624	1.909	21.210	21.210
3	1.073	11.919	63.543	—	—	—	—	—	—
4	0.790	8.783	72.326	—	—	—	—	—	—
5	0.771	8.563	80.889	—	—	—	—	—	—
6	0.546	6.072	86.961	—	—	—	—	—	—
7	0.469	5.214	92.175	—	—	—	—	—	—
8	0.361	4.013	96.188	—	—	—	—	—	—
9	0.343	3.812	100.000	—	—	—	—	—	—

图 4.1 为探索性因素分析所得的碎石图。自第 2 个拐点之后,各个碎石点的分布便趋于平稳,因而本研究提取 2 个因素作为最终的因素结构。结合表 4.3 的数据可以说明,抽取出的 2 个因素的累计解释率达到 51.624%,即经探索性因素分析抽取出的 2 个因素对大学生宽恕的解释率比较理想。

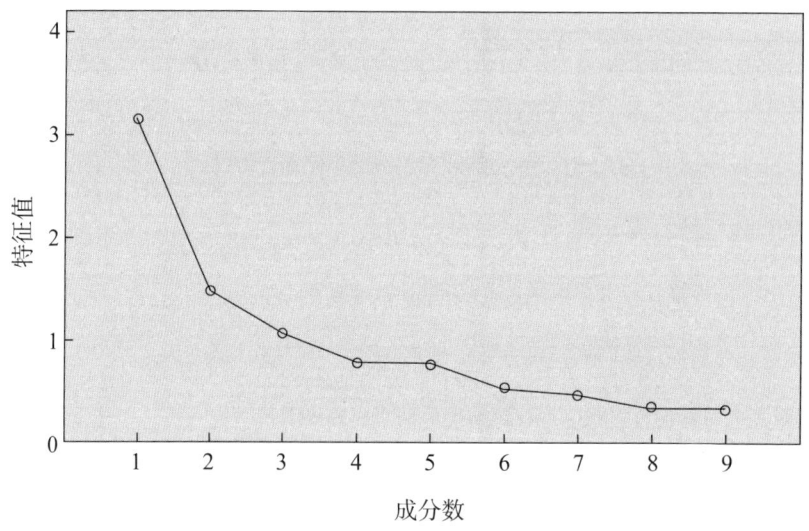

图 4.1 《大学生宽恕量表》碎石图

根据以上探索性因素分析,量表可分为 2 个维度、9 个项目,分别为宽恕自己和宽恕他人。量表各维度对应项目及含义见表 4.3。

表 4.3 《大学生宽恕量表》各维度对应项目及含义

维度	对应项目	各维度含义
宽恕自己	A2、A4、A6	反映个体面对自己曾经犯的错,由内疚、自责、悔恨转变为平静、接纳和原谅的心理过程
宽恕他人	A7、A8、A9、A10、A11、A12	反映个体在遭受他人伤害后,由怨恨、敌视、报复转变为理解、宽容和饶恕的心理过程

经过初测和初步分析,修订后的《大学生宽恕量表》有较好的测量学指标,但问卷结构的稳定性和问卷的效度仍需进一步检验。

4.7 问卷的再测

4.7.1 施测

问卷经过预测，删除了项目 1、3、5，形成了包含 9 个项目的再测问卷。选取硕士生作为再测对象样本，采用纸质问卷随机抽样发放。由研究者和熟悉问卷调查的心理学专业硕士生担任主试。施测程序为：测试之前，主试宣读指导语，提示被试答案无对错之分，按照实际感受认真回答，如有问题可举手示意；测试过程中，主试尽量不要来回走动，以免造成不必要的干扰；测试结束后，由测试员回收问卷。本次施测共发放问卷 230 份，回收问卷 203 份，剔除有明显规律作答、随意作答、不完整作答、答题意思前后矛盾等无效问卷 32 份，最终获得有效问卷 171 份，有效问卷占回收问卷的 84.24%。对有效样本中人口学变量进行统计处理，被试具体构成如下：男生 77 人，占 45%；女生 94 人，占 55%。

4.7.2 统计方法

正式施测问卷主要使用 SPSS17.0 和 AMOS24.0 统计软件对问卷进行信度和效度检验。$p < 0.05$ 表示差异具有统计学意义。

4.7.3 信度分析

信度，简而言之，是衡量测量结果在不同情境或时间下保持一致性或稳定性的程度。若能用同一测量工具反复测量某人的同一种心理特质，则其多次测量结果间的一致性程度就叫作信度，有时也叫作测量的可靠性。信度是衡量一个量表质量高低的重要指标之一，信度不符合要求的量表是不能使用的，人们在编制和使用量表时都特别重视测量的信度。信度通过计算量表的克隆巴赫 α 系数来检验量表的内部一致性。如果 α 大于或等于 0.9，则认为量表的内在性都很高；如果 α 大于或等于 0.8、小于 0.9，则认为量表的内在一致性比较好；如果 α 大于或等于 0.7、小于 0.8，则认为量表设计可以接受；如果 α 大于或等于 0.6、小于 0.7，则认为量表设计勉强可以接受，最好进行适当修改；如果 α 大于或等于 0.5、小于 0.6，表明量表设计不理想，须重新编制或修订；如果 α 小于 0.5，表明量表非常不理想，应舍弃。分半信度是指采用分半估计所得到的信度系数。一般采取奇偶分半法，即将测验分成等值的两半，然后计算两部分的相关系数。由于信度系数受测验长度的影响，测验越长，信度系数就越高。

采用克隆巴赫 α 系数和分半信度来检验修订后的《大学生宽恕量表》的信度。结果表明，总量表信度系数、宽恕自己信度系数、宽恕他人信度系数分别为 0.750、0.672、0.759。各项目按照奇偶排列，其总量表分半信度系数、宽恕自己分半信度系数、宽恕他人分半信度系数分别为 0.621、0.679、0.718。一般来说，α 系数越大，表示项目间相关性越高。故该量表的信度系数均达到测量学标准。具体见表 4.4。

表 4.4 《大学生宽恕量表》信度系数表

项目	项目数	克隆巴赫 α 系数	分半信度
宽恕自己	3	0.672	0.679
宽恕他人	6	0.759	0.718
宽恕总量表	9	0.750	0.621

4.7.4 效度分析

效度是指测量得到的记分是否反映了所预测的特征及程度，它包含了两层含义：一是指测量手段实际上测量了所研究的概念，而不是其他的概念；二是指该概念被准确测量的程度。效度方面主要从内容效度和结构效度两方面进行检验。信度与效度的关系：信度高是效度高的必要条件而非充分条件，信度高不一定效度高，测验的效度受它的信度制约。

内容效度

内容效度又称表面效度，主要是指测验实际测到的内容与所要测量的内容之间的吻合程度，比如，《大学生宽恕量表》中的项目是不是真的能反映大学生的宽恕水平。学者普遍认同，内容效度的建立依赖两个条件：一个条件是内容范围明确，另一个条件是取样有代表性。本量表是严格按照心理测量学问卷的程序进行修订的。首先对大学生进行了关于宽恕的深度访谈，通过对访谈内容的整理分析，从而获得大学生宽恕的指标体系。在此基础上，参考宽恕的国内外相关研究成果以及中国学者张海霞翻译的国外学者 Thompson 等人修订的《Heartland 宽恕量表》和 Hearland 修订的《Hearland 量表》，并邀请了心理学老师、心理学系硕士生等专业人士审定各项目的内容以及词语表达的准确性，再对 150 位大学生进行开放式调查，确保问卷中无难以理解、有歧义的项目。其次，选取 132 名大学生进行预测，再进行探索性因素分析，确定基本的维度。最后，选取 171 名大学生进行再测，检验信度，达到了心理学测量学的标准，从而保证了项目在一定程度上反映所要测量的内容，具有良好的内容效度。

结构效度

结构效度是指测验实际测到所要测量的理论结构和特质的程度，或用物理学上的某种结构或特质来解释测验分数的恰当程度。《大学生宽恕量表》的结构效度是指宽恕测验对理论上的构想或特质的测量程度。

1. 验证性因素分析

通过探索性因素分析所得到的宽恕量表的结构，称为理论或构想模型。验证性因素分析的主要目的是验证预先设计的模型、因子个数或量表结构是否与实际数据吻合。

采用 AMOS24.0 软件对确定的 9 个项目进行验证性因素分析。根据结构方程理论，在评价模型的拟合情况时，主要选用拟合优度的卡方检验（χ^2）、拟合优度指数（GFI）、调整拟合优度指数（AGFI）、比较拟合指数（CFI）、Tucker-Lewis 指数（TLI）、近似误差均方根（RMSEA）、标准化均方根残差（SRMR）等拟合指标。

拟合优度的卡方检验 χ^2 是最常报告的拟合优度指标，与自由度一起使用可以说明模型正确性的概率。χ^2/df 是直接检验样本协方差矩阵和估计方差矩阵之间的相似程度的统计量，其理论期望值为 1。χ^2/df 值越接近 1，表示模型拟合越好。在实际研究中，χ^2/df 值接近 2，认为模型拟合较好，样本较大时，χ^2/df 值在 5 左右也可以接受。但是，也有学者指出，在实际研究中，χ^2 指标的作用并不明显，因为该指标对于样本量过于敏感，当样本量较大时，卡方值往往较大，容易拒绝虚无假设，认为模型与数据拟合不佳（Rigdon，1995）。

拟合优度指数（GFI）和调整拟合优度指数（AGFI）值在 0～1 之间，越接近 0 表示拟合越差，越接近 1 表示拟合越好。目前，多数学者认为，GFI ≥ 0.90、AGFI ≥ 0.8，提示模型拟合较好。

比较拟合指数（CFI）是目前最稳健且广泛使用的指标之一（McDonald et al.，2002），该指数在对假设模型和独立模型比较时取得，其值范围在 0～1，越接近 0 表示拟合越差，越接近 1 表示拟合越好。一般认为，CFI ≥ 0.9，模型拟合较好。有研究发现，即使在小样本情况下，CFI 值对假设模型拟合度的估计仍然十分稳定。

Tucker-Lewis 指数（TLI）是比较拟合指数的一种，取值范围在 0～1，越接近 0 表示拟合越差，越接近 1 表示拟合越好。如果 TLI > 0.9，则认为模型拟合较好。

近似误差均方根（RMSEA）是评价模型不拟合的指数，受样本量的影响较小，如果接近 0 表示拟合良好，相反，离 0 越远表示拟合越差。一般认为，如果 RMSEA=0，表示模型完全拟合；RMSEA < 0.05，表示模型拟合良好；0.05 ≤ RMSEA ≤ 0.08，表示模型拟合合理；0.08 < RMSEA < 0.10，表示模型拟合一般；RMSEA ≥ 0.10，表示模型拟合较差。

标准化均方根残差（SRMR）是拟合的绝对度量，定义为观察到的相关性与预测的相关性之间的标准化差值。它可以对残差进行评价，取值范围在 0～1，当小于 0.08 时表示拟合良好（Hu et al.，1999）。

本研究验证性因素分析结果显示：χ^2/df 为 2.066，接近 2；GFI 值为 0.940，大于 0.90；AGFI 值为 0.888，大于 0.80；CFI 值为 0.923，大于 0.90；TLI 值为 0.884，接近 0.9；RMSEA 值为 0.079，小于 0.08；SRMR 值为 0.065，小于 0.08。根据验证性因素分析的结果，除 TLI 值稍小于理想值 0.90 以外，其余各项指标均达到较理想的水平，说明模型拟合良好，量表具有较高的拟合度。各项指标如表 4.5 所示，模型如图 4.2 所示。

表 4.5 《大学生宽恕量表》整体拟合系数

χ^2/df	GFI	AGFI	CFI	TLI	RMSEA	SRMR
2.066	0.940	0.888	0.923	0.884	0.079	0.065

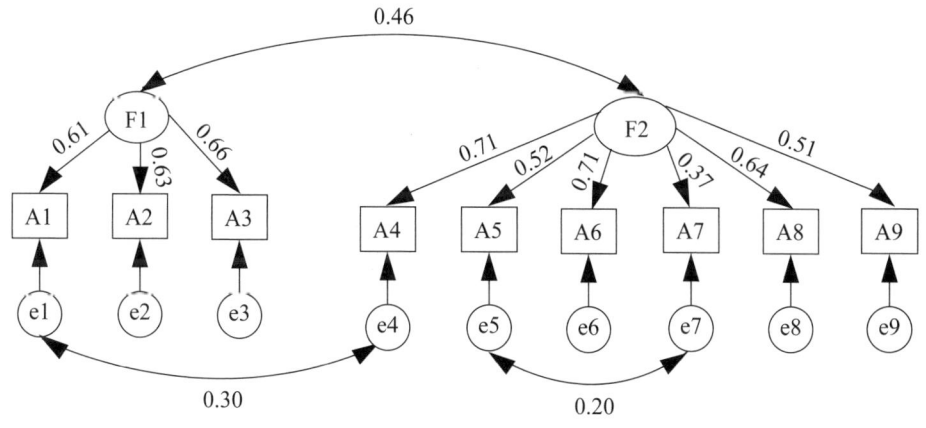

图 4.2 《大学生宽恕量表》模型图

2. 聚合效度

聚合效度又称收敛效度，是指运用不同测量方法测定同一特征时测量结果的相似程度。一般认为不同测量方式应在相同特征的测定中聚合在一起，即测量相同潜在特质（构件）的测验指标会落在同一因素上，也可以理解为构面的几个试题是否可以代表该构面。在进行聚合效度分析时，可使用 AVE 值和 CR 这两个指标进行分析。如果每个因子的 AVE 值大于 0.5，并且 CR 值大于 0.7（也有说法认为 CR 大于 0.6 即可），则说明具有良好的收敛效度。本研究采用 AVE 和 CR 的计算工具来计算 AVE 和 CR 值，聚合效度较为理想，各项指标如表 4.6 所示。

表 4.6 《大学生宽恕量表》聚合效度检验

路径		Estimate	AVE	CR
宽恕自己	A1	0.795	0.561	0.793
	A2	0.714		
	A3	0.735		
宽恕他人	A4	0.665	0.441	0.825
	A5	0.713		
	A6	0.655		
	A7	0.656		
	A8	0.690		
	A9	0.602		

由表 4.6 可知，宽恕自己的平均方差变异抽取量（AVE）为 0.561，大于 0.5，达到此次研究的标准；组合信度（CR）为 0.793，大于 0.7，组合信度理想。宽恕他人的平均方差变异抽取量（AVE）为 0.441，大于 0.36 的可接受标准；组合信度（CR）为 0.825，大于 0.8，组合信度理想。综合来看，《大学生宽恕量表》的聚合效度较为理想。

3. 量表内部一致性

本研究采用因素间的相关系数来检验该量表的结构效度。根据心理测量理论，量表的各维度之间应该具有中等程度的相关性。如果相关性太高，说明各维度之间有重合；如果各维度之间的相关性太低，说明因素方向不一致。具体分析结果见表 4.7 和表 4.8。

表 4.7 《大学生宽恕量表》各维度与所属项目之间的相关矩阵

题项	宽恕自己	宽恕他人
A1	0.778***	—
A2	0.771***	—
A3	0.782***	—
A4	—	0.717***
A5	—	0.654***
A6	—	0.723***
A7	—	0.607***
A8	—	0.710***
A9	—	0.644***

注：*** 表示 $p < 0.001$。

表 4.8 《大学生宽恕量表》各分维度与总量表之间的相关矩阵

维度	项目	宽恕自己	宽恕他人	宽恕总量表
宽恕自己	Pearson 相关性	1	0.294***	0.859***
	显著性（双侧）	—	0.000	0.000
宽恕他人	Pearson 相关性	0.294***	1	0.742***
	显著性（双侧）	0.000	—	0.000
宽恕总量表	Pearson 相关性	0.859***	0.742***	1
	显著性（双侧）	0.000	0.000	—

注：*** 表示 $p < 0.001$。

表 4.7 和表 4.8 的结果显示，量表各维度与所属项目之间的相关性在 0.607～0.782；宽恕自己与总量表之间的相关性为 0.859，宽恕他人与总量表之间的相关性为 0.742；宽恕自己与宽恕他人之间的相关性为 0.294。这说明量表各维度与总量表之间的相关性明显高于分量表之间的相关性，各分量表既对整个量表做出了贡献，又各自具有较好的独立性，故该量表具有较好的内部结构效度。

4.8 分析与讨论

4.8.1 创新

本研究参考《Heartland 宽恕量表》和《Hearland 量表》，经过严格的问卷修订程序，修订了符合本土化特色的《大学生宽恕量表》。研究结果表明，修订的《大学生宽恕量表》具有良好的信度和效度，可以作为研究大学生宽恕心理的测量工具，为今后开展与宽恕心理相关的研究奠定了基础。

4.8.2 总结与展望

本研究严格按照量表修订程序，遵守操作规范。首先对大学生进行了关于宽恕的深度访谈，然后通过对访谈内容的整理分析，获得大学生宽恕的指标体系。在此基础上，参照《Heartland 宽恕量表》和《Hearland 量表》，修订了两个维度的宽恕量表，经过预测后的项目分析（依据标准差、临界比率法、相关法等）和探索性因素分析最终确定 9 个项目。宽恕自己维度反映个体面对自己曾经犯的错误，由内疚、自责、悔恨转变为平静、接纳和原谅的心理过程；

宽恕他人维度反映个体在遭受他人伤害后，由怨恨、敌视、报复转变为理解、宽容和饶恕的心理过程。宽恕自己维度包括：我会因为自己所做的错事而怨恨自己；一旦我犯了错误，我就很难接纳自己；我会因自己产生不好的想法、说错话或做错事而不停地责备自己等3个项目。宽恕他人的维度包括：对那个我认为做了错事的人，我会一直惩罚他；随着时间的推移，我会原谅别人曾经犯过的错误；对那些曾经伤害过我的人，我始终没有好脸色；尽管别人曾经伤害过我，但我总能把他们当成好人看待；如果别人伤害了我，我就会一直认为他们不好；我最终能忘却别人带给我的伤痛等6个项目。经过初测和初步分析，修订的《大学生宽恕量表》有着较好的测量学指标，但问卷结构的稳定性和问卷的效度仍需做进一步的检验。

为了保证宽恕问卷修订的严谨与严密，本研究对正式问卷进行了信度和效度检验，以确保问卷的科学性和实效性。正式施测时选取171个样本，使用SPSS17.0和AMOS24.0统计软件进行信度和效度检验。信度检验主要采用克隆巴赫α系数和分半信度来检验。结果表明，总量表信度系数、宽恕自己信度系数、宽恕他人信度系数分别为0.750、0.672、0.759，各项目按照奇偶排列，其总量表分半信度系数、宽恕自己分半信度系数、宽恕他人分半信度系数分别为0.621、0.679、0.718，信度系数均达到0.600以上，说明该量表的信度指标在可接受范围之内，达到了心理测量学的标准，具有良好的信度。效度主要从内容效度和结构效度两方面进行检验。请心理学相关人士与所测群体进行访谈，同时进行了项目分析和探索性因素分析，显示KMO值为0.747，显著性水平为0.000，解释的总方差为51.624%，确定基本维度，正式施测检验信度，达到了心理学测量学的要求，从而保证了项目在一定程度上反映所要测量的内容，具有良好的内容效度。结构效度主要从验证性因素分析、聚合效度和量表内部一致性来检验。检验结果显示：验证性因素分析模型拟合良好；聚合效度较为理想；量表各维度与总量表之间的相关系数为0.859和0.742，分量表之间的相关系数为 0.294，相关系数较好。

综上所述，修订的《大学生宽恕量表》信度和效度均达到心理测量学的标准，具有一定的有效性和稳定性，可以作为衡量大学生宽恕水平的可靠测量工具。但由于条件的限制，仍有一定的不足。今后，将针对以下不足进行相应改进，以进一步完善和丰富与宽恕相关的研究。

研究对象

由于人力、财力等物质条件的限制，本研究的取样对象为本科生和硕士生，且样本量较小，存在样本代表性不足等问题。研究群体具有特殊性且被试缺乏代表性，致使研究结论能否在全国范围内推广还值得商榷。为了提升研究的科学性与普适性，在后续研究中，亟须进一步扩大问卷的取样范围，不仅要涵盖不同层次、不同类型高校的本科生、硕士生，还应将专科生等纳入取样范畴，全面覆盖各个学历层次的大学生群体。同时，尝试建立我国宽恕水平常模，提高问卷的普遍适用性，从而为调查了解我国大学生的宽恕水平提供依据。

问卷的信效度

虽然本研究中问卷的信度和效度在一定程度上达到了心理测量学的标准，然而在深入分析过程中，仍暴露出一系列不容忽视的问题。①在验证性因素分析中，某一指标并没有完全达到理想水平。②问卷所包含的题目数量较少，宽恕是一个复杂的心理概念，涉及多个方面的心理过程和行为表现，题目数量有限可能还不足以完全反映出宽恕的本质特性。③由于本问卷的反向积分较多，题目略长，会使被试在阅读和理解题目时耗费过多精力，从而在一定程度上干扰了被试的真实作答，影响了问卷的信度和效度。④本研究缺乏重测信度的验证。重测信度是检验问卷稳定性的重要指标，通过在不同时间对同一批被试进行重复测量，能够了解问卷在不同时间点上测量结果的一致性。今后若能对问卷中的某些项目进行修改和完善，效果可能会更好。

鉴于以上诸多问题，在未来的研究中，若能对问卷中的某些项目进行有针对性的修改和完善，将会显著提升问卷的质量和测量效果。例如，对指标未达到理想水平的相关题目进行重新设计和调整，确保其能够准确反映宽恕的概念；适当增加题目数量，丰富问卷内容；优化问卷题目表述，减少反向积分题目数量，缩短题目长度，降低被试的作答难度；同时，积极开展重测信度的考证工作，通过多次测量确保问卷的稳定性和可靠性，从而进一步提升研究的质量和水平。

4.9 结论

1.《大学生宽恕量表》的修订严谨合理，信度和效度均可达到问卷衡量标准。该问卷具有一定的稳定性和有效性，可作为测量大学生宽恕水平的有效工具。

2.宽恕作为一种复杂的心理现象，其背后是一个包含多种因素的心理结构，主要涵盖宽恕自己和宽恕他人这两个关键维度。宽恕自己维度涉及个体对自身过往错误、失败经历的接纳与释怀；宽恕他人维度则聚焦于个体对他人过错的谅解与宽容。

第5章　宽恕对幸福感的影响研究

5.1　研究目的

1. 分析本科生、硕士生两个群体的宽恕水平在性别、是否担任学生干部、年级等人口统计学变量上的差异，从而揭示大学生宽恕感的发展特点。

2. 分别考察本科生、硕士生群体在主观幸福感、心理幸福感、社会幸福感和幸福指数上的差异。

3. 探讨宽恕与幸福感之间的关系。

5.2　研究问题与假设

问题1：大学生的总体宽恕水平如何？

假设1：大学生的宽恕水平处于中等偏上水平。

问题2：本科生、硕士生两个群体的宽恕心理在性别、是否担任学生干部、年级等人口统计学变量上是否存在差异？

假设 2：本科生、硕士生两个群体的宽恕心理在性别、是否担任学生干部、年级等人口统计学变量上存在显著差异。

问题 3：本科生、硕士生两个群体在宽恕心理及其维度上是否存在差异？

假设 3：本科生、硕士生两个群体在宽恕心理及其维度上存在显著差异。

问题 4：本科生、硕士生两个群体在主观幸福感、心理幸福感、社会幸福感和幸福指数上是否存在差异？

假设 4：本科生、硕士生两个群体在主观幸福感、心理幸福感、社会幸福感和幸福指数上存在显著差异。

问题 5：大学生宽恕与幸福感是否存在显著相关性？宽恕是否可以预测幸福感水平？

假设 5：大学生宽恕与幸福感呈显著相关。宽恕对幸福感具有预测作用。

5.3 研究意义

积极心理学主张用欣赏的眼光看待人类的潜能、动机和能力，强调积极品质对个体的重要作用。在这种背景下，心理健康更应该被定义为一种培养积极和持久人格的产物，而不是心理症状的减轻。随着积极心理学的不断发展，宽恕、幸福感作为其中的重要因素也得到了研究者的广泛关注。

5.3.1 理论意义

1. 深入了解大学生的宽恕现状，丰富宽恕研究的内容，为进一步促进宽恕领域理论框架的建设起到重要作用。

2. 对两个群体的幸福感进行比较分析，试图对幸福感的跨群体研究加入一些补充资料。

3.研究宽恕对幸福感的影响，以期为宽恕倾向对幸福感影响机制的研究提供理论补充。

5.3.2 实践意义

1.随着积极心理学的兴起，宽恕逐渐进入学者的视野并成为热点问题，但关于本科生、硕士生两个群体的宽恕状况却很少涉及，因此本研究具有较大的实践意义。

2.通过研究大学生宽恕心理在性别、担任学生干部与否、年级等人口变量上的差异特点以及对幸福感的影响，为高校开展宽恕教育提供参考意见，对相关教育工作具有十分重要的指导价值。

5.4 研究对象

以本科生、硕士生群体为主要被试，采用随机抽样法共发放问卷486份。施测程序为：主试宣读指导语，提示答题者答案无对错之分，按照实际感受认真回答，如有问题可举手示意；测试过程中，主试尽量不来回走动，以免造成不必要的干扰，由被试对问卷进行不记名独立填写；测试结束后，由测试员统一回收试卷，施测时间约为20分钟。回收问卷435份，回收率为89.5%。研究者在此基础上进行筛选，剔除答案呈现规律性、答案前后矛盾、答题时间过长或者过短等无效问卷25份，最终得到有效问卷410份，占回收问卷总数的94.25%。对有效样本中的人口学变量进行统计处理，被试具体构成如下：硕士生为193人，占47.07%；本科生为217人，占52.93%；男生182人，占

44.39%；女生 228 人，占 55.61%；学生干部 160 人，占 39.02%；非学生干部 250 人，占 60.98%。

5.5 研究内容

5.5.1 调研大学生宽恕状况

使用自编一般情况问卷、修订后的《大学生宽恕量表》对本科生、硕士生两个群体进行实证调查，并运用 SPSS17.0 对数据进行统计分析和处理，分别描述大学生宽恕总体状况、本科生宽恕状况、硕士生宽恕状况以及比较两个群体的宽恕状况。

5.5.2 比较两个群体在幸福感上的差异

采用《综合幸福感问卷》和《社会幸福感量表》对两个群体进行实证调查，并运用 SPSS17.0 对数据进行统计分析和处理，比较两个群体在主观幸福感、心理幸福感、社会幸福感和幸福指数上的差异。

5.5.3 研究宽恕对幸福感的影响

采用《综合幸福感问卷》《社会幸福感量表》及修订后的《大学生宽恕量表》对本科生、硕士生两个群体进行实证调查，并运用 SPSS17.0 对数据进行统计分析和处理，探讨宽恕对幸福感的影响。

5.6 研究工具

本研究采用自编的一般问卷（8个项目）和修订的《大学生宽恕量表》（9个项目）。

5.6.1 自编一般问卷

研究者通过查阅、参考大量文献，根据研究主题有可能涉及的因素对人口学变量的项目进行了筛选，最终确定了以下6个人口学变量：

①目前在读学历（硕士、本科）；

②性别（男、女）；

③年龄；

④专业（文科、理科、工科、无）；

⑤年级（研一、研二、研三、大一、大二、大三、大四）；

⑥是否担任学生干部（是、否）。

5.6.2 修订的《大学生宽恕量表》

修订的《大学生宽恕量表》一共有9个项目，包括宽恕自己和宽恕他人2个维度。其中宽恕自己维度有3个项目，宽恕他人维度有6个项目。量表采用Likert7点式计分，其中1分表示明显不符合，2分表示不符合，3分表示有些不符合，4分表示介于中间，5分表示有些符合，6分表示符合，7分表示明显符合。项目1、2、3、6、8为反向计分。将各维度的项目得分简单相加，哪个维度的得分高，就代表个体有哪个维度的倾向性。在大学生中，量表各因子的克隆巴赫 α 系数在 0.672～0.759，分半信度系数在 0.621～0.718。修订的量表其信度和效度均可达到问卷衡量标准,可作为测量大学生宽恕程度的有效工具。

5.6.3 《综合幸福感问卷》

《综合幸福感问卷》(Multiple Happiness Questionaire,MHQ)是由苗元江博士在整合主观幸福感(SWB)与心理幸福感(PWB)理论框架与测评指标的基础上,建构的多方位、多测度、多功能、本土化测量幸福感的量表,包括一个指数(幸福指数)、两大模块(主观幸福感与心理幸福感)和9个维度,共计51个项目。主观幸福感评价主要涉及认知(如生活满意,或者婚姻满意)、人们体验的愉快情绪(如高兴)的频率和不愉快的情绪(如抑郁),包括生活满意(LS)、正性情感(PA)、负性情感(NA)等三个经典指标;心理幸福感是以实现论为基础,认为幸福感是客观的、自我潜能的完美实现,包括健康关注(HC)、生命活力(SV)、自我价值(SW)、人格成长(PG)、友好关系(PR)、利他行为(AC)等六个核心指标;幸福指数是衡量社会和谐程度的重要指标。幸福指数采用9级评分,1分代表"非常痛苦",9分代表"非常幸福"。9个维度采用7级评分,1分代表"明显不符合",7分代表"明显符合",各指标≥5分为高分,≤3分为低分,负性情感为反向计分,得分越高,表明幸福感越强。问卷同质性信度克隆巴赫 α 系数在 $0.6742 \sim 0.9056$ 之间,其中,友好关系维度最高(0.9056)。分半系数在 $0.6603 \sim 0.8835$,量表总的重测系数为0.86,各分量表的重测系数在 $0.33 \sim 0.83$。该问卷曾广泛应用于军人(韩向前 等,2005)、教师(赵姗,2011)、企业员工(沈晔,2011)、行政事业单位员工(陈燕飞,2011)以及医务人员(苗元江 等,2009)等不同职业领域及老年人(高红英、苗元江,2008)、硕士生(郑霞,2006)、大学生(李湘晖,2007;徐祯,2007)、中青少年(陈咏媛,2006)、军校学员(徐扬,

2011)以及听力障碍者(陈咏媛,2006)等不同群体的幸福感调查研究,均能较好地反映出不同职业及不同人群的幸福感特征,具有良好的信度和效度。综合(MHQ)9个维度的含义见表5.1。

表5.1 综合幸福问卷9个维度含义

维度	含义
生活满意	高分者特征:个人各方面的需求和愿望得到满足,个人对自己生活状况满意 低分者特征:个人对自己生活状况不满意,生活中的愿望与需求没得到满足
正性情感	高分者特征:较多时间体验到爱、高兴、愉快、自豪、乐观等积极情绪 低分者特征:较少时间体验到爱、高兴、愉快、自豪、乐观等积极情绪
负性情感	高分者特征:较多时间体验到抑郁、焦虑、妒忌、愤怒、内疚等消极情绪 低分者特征:较少时间体验到抑郁、焦虑、妒忌、愤怒、内疚等消极情绪
生命活力	高分者特征:充满活力、能量感觉,拥有生命热情,精力充沛 低分者特征:缺乏活力、能量感觉,没有生命热情,无精打采
健康关注	高分者特征:珍爱生命,关注健康,保持良好的生活与行为方式 低分者特征:对健康状况不关注,缺乏良好的生活习惯与生活方式
利他行为	高分者特征:愿意帮助他人,富有爱心,希望通过自己的努力使世界变得更加美好 低分者特征:不愿意帮助他人,缺乏爱心,事不关己就高高挂起,不愿意付出
自我价值	高分者特征:相信自己的能力、重要性,有成功感和价值感,具有较高自尊 低分者特征:不相信自己的能力、重要性,缺乏成功感和价值感,比较自卑
友好关系	高分者特征:具有温暖的、安全的、真诚的、持久的人际关系 低分者特征:缺乏温暖的、安全的、真诚的、持久的人际关系
人格成长	高分者特征:自我接受,不断发展,开放新的经验,有自知之明,能够控制自己的行为 低分者特征:不能自我接受,不愿意发展与学习,缺乏自知之明,不能控制自己的行为

5.6.4 《社会幸福感问卷》

社会幸福感源自社会学理论中个体和社会的统一思想，关注个人在社会领域面临的种种挑战。社会幸福感是指个体对与他人、集体、社会之间关系和质量的自我评估，它把人还原为根植于社会环境里的人，试图从更为广阔的社会领域里去探索人的良好存在状态。本研究采用王青华编制的《社会幸福感量表》，该量表一共有 20 个项目，包括社会认同、社会实现、社会贡献、社会和谐、社会整合等 5 个维度，每个维度均含 4 个项目。量表采用 Likert7 点式计分，其中 1 分代表"明显不符合"，7 分代表"明显符合"。在青少年群体中，量表各因子的克隆巴赫 α 系数为 0.7098、0.8352，分半信度系数为 0.6603、0.8189；在硕士生群体中，量表各因子的克隆巴赫 α 系数为 0.7201、0.8540，分半信度系数为 0.7087、0.8145。该量表达到了测量研究的要求。社会幸福感各维度含义见表 5.2。

表 5.2 社会幸福感各维度含义

维度	含义
社会整合	社会整合是个体对于他们所属的社会和集体的归属感，是个体对自己与集体和社会之间关系质量的评估。健康的个体会感到自己是社会中的一员。有社会整合感的人与集体中他人关系紧密，能与他人和睦相处，能感到他们生活在健康集体中的价值，对他们所生活的社会环境充满信任和安全感
社会认同	社会认同是个体的性格与品质的社会建构，是个体对社会性质、社会组织和社会合作的感知。具有社会认同的个体对人性持友善的观点，信任他人，认为他人是善良的、勤奋的，与他人在一起感到舒适。社会认同是对个体的自我认同的社会模拟
社会贡献	社会贡献是对个人社会价值的评估。它包括个体相信自己对社会的重要性，以及能够为社会创造价值的信念。社会贡献与自我效能感和社会责任的概念相似。社会贡献反映了个体感到他在这个世界上所做的事情是被社会所重视的以及对社会是有贡献的程度

续表

维度	含义
社会实现	社会实现是对社会潜能和社会发展轨迹的评估。这是对社会进化的信任，对社会具有发展潜力的信心，并且能够通过它的法律规范和公民行为得以实现的感知。健康的个体对社会条件和未来抱有更大的期望，他们能够认识到社会的发展潜力，并且能展望到他们是社会发展的潜在受益者
社会和谐	社会和谐是对社会生活质量、社会组织及其运作的感知，它包括对认识世界的关注。健康的个体不仅关心他们所生活的世界，而且能理解在其周边发生的事情。这样的人不会自欺地认为自己生活在一个美好的世界，他们保持或促进了使生活有意义的愿望。社会和谐包括对社会的可认识性、可感知性、可预测性的评估。具有社会和谐的健康个体会认为他们的生活是有意义的、协调一致的

5.7　研究方法

5.7.1　文献分析法

通过梳理国内外有关宽恕、幸福感的相关文献，掌握了宽恕与幸福感的基本概念、理论框架和研究进展以及两者间可能存在的关联机制。这一过程为研究建立了一定的理论基础，确保了研究的科学性和创新性。

5.7.2　问卷调查法

问卷发放对象涵盖本科生与硕士生，对他们发放自编一般问卷、《大学生宽恕量表》《综合幸福感问卷》《社会幸福感问卷》进行调查，收集研究所需的有效信息及数据，对回收的问卷数据进行整理和分析，提取出研究所需的有效信息，为后续的数据分析和结论提炼奠定了坚实的基础。

5.7.3 访谈法

为了更全面、更深入地了解大学生宽恕状况及其与幸福感的关系,在问卷调查的基础上,研究者结合访谈法对部分大学生进行深度访谈。

5.7.4 统计分析法

问卷回收后,剔除无效问卷,进行数据初步的归类和整理,将研究对象的一般情况资料、宽恕、综合幸福感、社会幸福感的调查数据输入统计软件SPSS17.0,建立数据库,经核对数据后运用SPSS17.0进行统计分析,$p<0.05$表示差异具有统计学意义。主要使用以下分析法。

(1)描述性统计分析。描述性统计分析以数字和图表的形式来理解、分析和总结数据,它是数据分析的第一步,通常在数据收集完成后进行,有助于研究者更好地理解数据,发现异常值,探索数据的特征与趋势,为下一步的统计推断与建模做准备。本研究应用频数和构成比对一般人口学资料进行统计描述,主要描述本科生、硕士生群体的宽恕状况。

(2)独立样本 t 检验。独立样本 t 检验是用来检验两组独立样本的均值是否存在显著性差异的方法。本研究用于比较不同性别、是否担任学生干部的两个群体的宽恕状况。

(3)方差分析。方差分析又称"变异数分析"或"F检验",是由罗纳德·费雪爵士发明的,用于两个及两个以上样本均数差别的显著性检验。本研究用于比较不同学历、专业、年级的本科生、硕士生两个群体的宽恕状况。

(4)Spearman 相关分析。Spearman 相关分析是利用两个变量的秩次大小做相关分析,是一种非参数检验。使用 Spearman 相关分析时,需要满足2个条件:①变量是非正态分布(或者有不能剔除的异常值)的连续变量。②变量之间存在单调关系。本研究分别探讨本科生、硕士生两个群体的宽恕状况与幸福感之间的关系。

（5）回归分析。回归分析是实验和数据科学中常用的一种统计方法，用于研究两个或多个变量之间的关系。在回归分析中，我们通常关注的是一个或多个自变量（解释变量）如何影响一个因变量（响应变量）。回归分析可以帮助我们理解变量间的关系、预测未来的趋势，或者测试某些科学理论。本研究分别探讨本科生、硕士生两个群体的宽恕对幸福感的预测与影响。

5.8 研究结果

5.8.1 宽恕总体状况

对410名大学生（193名硕士生、217名本科生）的宽恕进行描述统计分析，得出大学生在宽恕量表及宽恕自己、宽恕他人两个维度上均分的最小值（Min）、最大值（Max）、平均数（M）和标准差（SD），结果见表5.3。

表5.3 大学生宽恕状况统计结果

项目	大学生				硕士生		本科生	
	Min	Max	M	SD	M	SD	M	SD
宽恕自己	1.00	7.00	4.18	1.08	4.22	1.11	4.15	1.06
宽恕他人	1.83	7.00	4.94	0.79	5.02	0.72	4.87	0.85
宽恕量表	2.67	6.67	4.69	0.71	4.76	0.69	4.62	0.73

研究结果表明：①由于调查问卷采用Likert7级计分，中位数为4，大学生在宽恕总量表及宽恕自己、宽恕他人两个维度的得分均高于4分，说明大学生宽恕总体状况良好，但还有少部分学生宽恕水平不容乐观，仍不能忽视宽恕这

个问题，需要进一步提高大学生的宽恕水平；②本科生、硕士生在宽恕他人维度上的得分均高于宽恕自己；③不同年龄段的宽恕水平可能存在差异。

5.8.2 两个群体宽恕状况

本科生宽恕状况

对不同性别以及是否担任学生干部的本科生进行独立样本 t 检验，对不同专业、年级的本科生宽恕状况进行方差分析。结果见表5.4、表5.5和表5.6。

表5.4 本科生宽恕状况在性别、是否担任学生干部变量上的 t 检验

项目	性别					是否担任学生干部				
	男		女		t	是		否		t
	M	SD	M	SD		M	SD	M	SD	
宽恕自己	4.17	1.03	4.14	1.08	0.216	4.21	1.09	4.10	1.04	0.784
宽恕他人	4.96	0.90	4.80	0.80	1.373	5.04	0.77	4.72	0.88	2.793**
宽恕量表	4.69	0.71	4.57	0.73	1.171	4.76	0.71	4.51	0.73	2.552*

注：* 表示 $p < 0.05$，** 表示 $p < 0.01$。

表5.5 本科生宽恕状况在专业变量上的方差分析

项目	文科		理科		工科		F
	M	SD	M	SD	M	SD	
宽恕自己	4.25	1.21	4.06	1.07	4.20	0.95	0.648
宽恕他人	4.79	0.79	4.70	0.91	5.12	0.75	5.592**
宽恕量表	4.61	0.81	4.48	0.73	4.81	0.64	4.389*

注：* 表示 $p < 0.05$，** 表示 $p < 0.01$。

表 5.6　本科生宽恕状况在年级变量上的方差分析

项目	大一		大二		大三		大四		F
	M	SD	M	SD	M	SD	M	SD	
宽恕自己	4.35	1.05	4.23	1.07	4.02	1.09	3.85	0.97	2.225
宽恕他人	5.14	0.71	4.82	0.80	4.69	1.08	4.76	0.83	2.811*
宽恕量表	4.87	0.69	4.62	0.70	4.46	0.89	4.451	0.61	3.706*

注：* 表示 $p < 0.05$。

由上述三张表可知：不同性别的本科生在宽恕总量表及其两个维度上的得分无显著差异；是否担任学生干部的本科生在宽恕自己维度上无显著差异，担任学生干部的本科生在宽恕他人维度得分、总量表得分上均显著高于非担任学生干部的本科生；不同专业的本科生在宽恕自己维度上无显著差异，但在宽恕他人维度和宽恕总量表上的得分，呈显著差异，事后检验结果显示，工科生在宽恕他人维度上的得分，显著高于文科生及理科生，工科生在宽恕总量表上的得分，显著高于理科生；不同年级的本科生在宽恕自己维度上的得分，无显著差异，但在宽恕他人维度、宽恕总量表上的得分均呈显著差异，事后检验结果显示，大一学生在宽恕他人维度上的得分，显著高于大二、大三和大四学生，大一学生在宽恕总量表上的得分，显著高于大三和大四学生。

硕士生宽恕状况

对不同性别以及是否担任学生干部的硕士生宽恕进行独立样本 t 检验，对不同专业、年级的硕士生宽恕进行方差分析。结果见表 5.7、表 5.8 和表 5.9。

表 5.7　硕士生宽恕状况在性别、是否担任学生干部变量上的 t 检验

项目	性别					是否担任学生干部				
	男		女		t	是		否		t
	M	SD	M	SD		M	SD	M	SD	
宽恕自己	4.18	1.08	4.26	1.15	−0.496	4.20	1.25	4.23	1.05	−0.221
宽恕他人	4.95	0.65	5.09	0.77	−1.361	5.13	0.81	4.97	0.67	1.425
宽恕量表	4.69	0.66	4.81	0.72	−1.205	4.82	0.81	4.73	0.64	0.861

注：* 表示 $p < 0.05$。

表 5.8 硕士生宽恕状况在专业变量上的方差分析

项目	文科		理科		工科		F
	M	SD	M	SD	M	SD	
宽恕自己	4.07	1.16	4.16	0.99	4.44	1.14	2.021
宽恕他人	4.95	0.72	5.02	0.82	5.11	0.61	0.827
宽恕量表	4.66	0.739	4.73	0.71	4.88	0.63	1.916

表 5.9 硕士生宽恕状况在年级变量上的方差分析

项目	研一		研二		研三		F
	M	SD	M	SD	M	SD	
宽恕自己	4.45	1.15	4.08	1.08	3.98	1.01	3.169*
宽恕他人	5.21	0.68	4.93	0.77	4.78	0.57	5.524**
宽恕量表	4.96	0.71	4.65	0.67	4.51	0.57	6.755**

注：* 表示 $p < 0.05$，** 表示 $p < 0.01$。

由上述三个表可以得出：硕士生宽恕总量表及其两个维度在性别、专业、是否担任学生干部变量上无显著差异；不同年级的硕士生在宽恕总量表及其两个维度上的得分均存在显著差异，事后检验结果显示，研一学生在宽恕总量表及其两个维度上的得分均显著高于研二和研三学生。

5.8.3 两个群体宽恕的比较研究

对本科生、硕士生两个群体在宽恕总体状况及其两个维度上进行差异比较，结果见表 5.10。

表 5.10 宽恕的群体差异比较

项目	硕士生		本科生		t
	M	SD	M	SD	
宽恕自己	4.22	1.11	4.15	1.06	−0.673
宽恕他人	5.02	0.72	4.87	0.85	−1.933*
宽恕量表	4.76	0.69	4.63	0.73	−1.817

注:* 表示 $p < 0.05$。

从表 5.10 可以看出,本科生、硕士生两个群体在宽恕自己维度和宽恕总量表上的得分均无显著差异,硕士生在宽恕他人维度上的得分显著高于本科生。

5.8.4 两个群体幸福感的比较研究

考察不同群体在生活满意度、正性情感、负性情感、健康关注、生命活力、自我价值、人格成长、友好关系、利他行为 9 个维度,在社会认同、社会实现、社会贡献、社会和谐、社会整合 5 个维度以及在幸福指数上的差异。结果见表 5.11。

表 5.11 幸福感的群体差异

维度	硕士生		本科生		t
	M	SD	M	SD	
生活满意	4.45	0.97	4.41	1.01	−0.404
正性情感	4.44	1.01	4.30	1.16	−1.255
负性情感	2.16	0.7	2.06	0.84	−1.244
生命活力	4.68	1.02	4.79	1.03	1.101
健康关注	5.50	0.91	5.59	0.98	0.971
利他行为	5.10	0.93	5.14	0.98	0.423
自我价值	5.38	0.85	5.48	0.94	1.027

续表

维度	硕士生		本科生		t
	M	SD	M	SD	
友好关系	5.48	1.00	5.77	1.10	2.799**
人格成长	4.90	0.80	4.83	0.78	−0.850
社会实现	5.24	0.99	5.05	1.12	−1.822
社会和谐	4.31	0.94	4.16	0.94	−1.619
社会整合	4.51	0.98	4.55	0.94	0.409
社会认同	5.44	0.93	5.49	0.84	0.608
社会贡献	4.90	1.03	4.99	1.03	0.445
幸福指数	6.19	1.15	6.53	1.22	2.867**

注：** 表示 $p < 0.01$。

由表 5.11 可知：①本科生、硕士生两个群体在生活满意度、正性情感、负性情感、生命活力、健康关注、利他行为、自我价值、人格成长 8 个维度上得分无显著差异，但本科生在友好关系维度上的得分显著高于硕士生。②本科生、硕士生两个群体在社会认同、社会实现、社会贡献、社会和谐、社会整合 5 个维度上的得分不存在显著差异。③本科生在幸福指数上的得分显著高于硕士生。

5.8.5 宽恕与幸福感的关系研究

宽恕与幸福感三大维度的关系

为了分别探讨硕士生、本科生宽恕及其两个维度与幸福感三大维度之间的关系，表 5.12 列出宽恕自己、宽恕他人、宽恕总量表与主观幸福感、心理幸福感、社会幸福感之间的相关系数。

表 5.12　宽恕与幸福感相关系数

维度	硕士生			本科生		
	宽恕自己	宽恕他人	宽恕总量表	宽恕自己	宽恕他人	宽恕总量表
主观幸福感	0.289***	0.374***	0.392***	0.329***	0.360***	0.439***
心理幸福感	0.337***	0.379***	0.430***	0.253***	0.440***	0.430***
社会幸福感	0.231***	0.333***	0.330***	0.259***	0.403***	0.414***

注：** 表示 $p < 0.01$，*** 表示 $p < 0.001$。

由表 5.12 可知，本科生、硕士生群体的宽恕及其两个维度均与主观幸福感、心理幸福感、社会幸福感呈正相关。

宽恕与幸福感 14 个维度的关系

为了进一步探讨硕士生、本科生群体的宽恕两个维度与幸福感 14 个维度之间的关系，表 5.13 列出宽恕两个维度与幸福感 14 个维度之间的相关系数。

表 5.13　宽恕与幸福感 14 个维度相关系数

维度	硕士生			本科生		
	宽恕自己	宽恕他人	宽恕总量表	宽恕自己	宽恕他人	宽恕总量表
生活满意	0.167*	0.332***	0.282***	0.148*	0.248***	0.246***
正性情感	0.168*	0.235**	0.236**	0.270***	0.215**	0.314***
负性情感	−0.334***	−0.262***	−0.372***	−0.288***	−0.319***	−0.387***
生命活力	0.366***	0.222**	0.377***	0.078	0.220**	0.181**
健康关注	0.245**	0.234**	0.292***	0.146*	0.359***	0.308***
利他行为	0.110	0.300***	0.224**	0.138*	0.363***	0.305***
自我价值	0.346***	0.341***	0.418***	0.220**	0.268***	0.309***
友好关系	0.223**	0.319***	0.317***	0.316***	0.398***	0.451***
人格成长	0.276***	0.356***	0.374***	0.234**	0.356***	0.369***

续表

维度	硕士生			本科生		
	宽恕自己	宽恕他人	宽恕总量表	宽恕自己	宽恕他人	宽恕总量表
社会实现	0.145*	0.263***	0.232**	0.213**	0.338***	0.344***
社会和谐	0.075	0.096	0.101	0.171*	0.199**	0.234**
社会整合	0.187**	0.271***	0.268***	0.261***	0.293***	0.352***
社会认同	0.186**	0.434***	0.344***	0.170*	0.448***	0.376***
社会贡献	0.269***	0.193**	0.291***	0.157*	0.253***	0.256***

注：* 表示 $p < 0.05$，** 表示 $p < 0.01$，*** 表示 $p < 0.001$。

由表 5.13 可知：在硕士生群体中，除利他行为、社会和谐外，宽恕自己与其他 11 个因子均呈正相关性，与负性情感呈负相关性（相关系数在 0.145～0.366）。除社会和谐外，宽恕他人与其他 12 个因子均呈正相关性，与负性情感呈负相关性（相关系数在 0.193～0.434）。除社会和谐外，宽恕总量表与其他 12 个因子均呈正相关性，与负性情感呈负相关性（相关系数在 0.232～0.418）。在本科生群体中，除生命活力外，宽恕自己与其他 12 个因子均呈正相关性，与负性情感呈负相关性（相关系数在 0.138～0.316），宽恕他人与幸福感 13 个因子均呈正相关性，与负性情感呈负相关性（相关系数在 0.199～0.448），宽恕量表总分与幸福感 13 个因子均呈正相关性，与负性情感呈负相关性（相关系数在 0.181～0.451）。

宽恕对幸福感的回归分析

相关分析结果表明，宽恕与幸福感之间存在着显著的相关性。为进一步研究，采用逐步回归（Stepwise Regression）的方法来筛选变量（进入概率为 0.05，删除的概率为 0.01），分别以宽恕量表的两个维度为自变量，以主观幸福感、心理幸福感、社会幸福感为因变量进行回归分析。

表 5.14 宽恕对幸福感的回归分析

群体	因变量	预测变量	回归系数 B	标准回归系数 Beta	t	F	相关系数（R）	决定系数（R2）
硕士生	主观幸福感	常量	0.791	—	0.809***	19.744***	0.415	0.172
		宽恕他人	0.891	0.314	4.503***			
		宽恕自己	0.346	0.189	2.718**			
	心理幸福感	常量	18.124	—	8.989***	23.063***	0.442	0.195
		宽恕他人	1.795	0.302	4.394***			
		宽恕自己	0.922	0.241	3.506**			
	社会幸福感	常量	15.903	—	8.988***	23.818***	0.333	0.111
		宽恕他人	1.702	0.333	4.880***			
本科生	主观幸福感	常量	0.699	—	0.827***	26.210***	0.444	0.197
		宽恕他人	0.767	0.304	4.849***			
		宽恕自己	0.536	0.265	4.236***			
	心理幸福感	常量	18.700	—	11.104***	30.266***	0.470	0.220
		宽恕他人	2.063	0.404	6.549***			
		宽恕自己	0.687	0.168	2.728**			
	社会幸福感	常量	13.936	—	9.594***	25.830***	0.441	0.194
		宽恕他人	1.580	0.365	5.816***			
		宽恕自己	0.631	0.181	2.906**			

注：* 表示 $p<0.05$，** 表示 $p<0.01$，*** 表示 $p<0.001$。

从表 5.14、图 5.1、图 5.2 可知，在硕士生群体中，宽恕他人、宽恕自己对主观幸福感、心理幸福感有显著的预测作用，宽恕他人对社会幸福感有显著的预测作用；在本科生群体中，宽恕他人、宽恕自己对主观幸福感、心理幸福感与社会幸福感均有显著的预测作用。

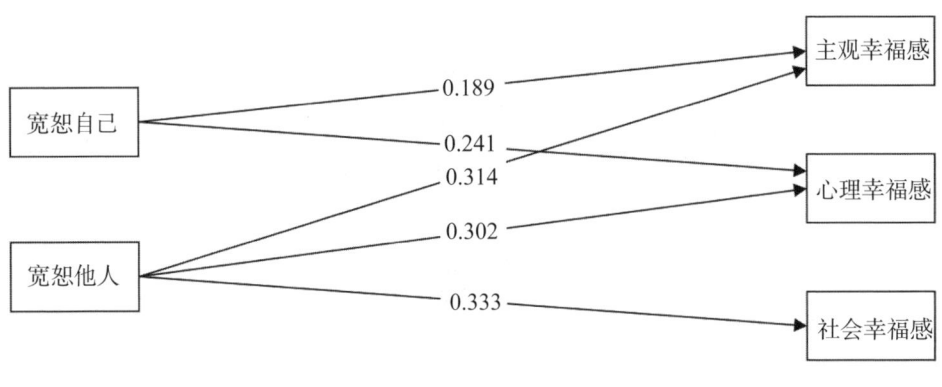

图 5.1 硕士生宽恕对幸福感模型路径分析图

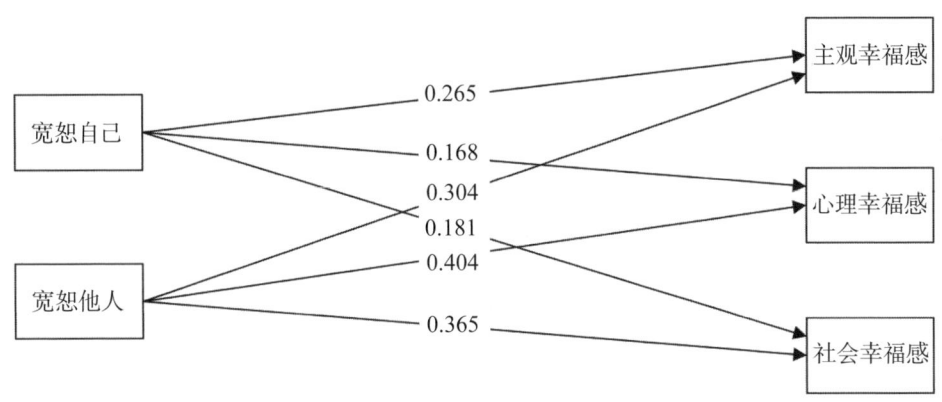

图 5.2 本科生宽恕对幸福感模型路径分析图

5.9 分析与讨论

5.9.1 宽恕总体状况

1.大学生的宽恕自己、宽恕他人及宽恕量表得分均处于中等水平以上,研究结果和绝大部分学者的研究结果一致。这表明大部分学生有着相对较高的宽恕水平,在受到他人的伤害后以及面对自己伤害他人时,能以宽广的胸怀去接纳，选择积极的方式去应对，从而宽恕他人或自己。研究中也发现，有少数大学生的宽恕总体水平较低，他们在面对冒犯时，较难采取有效的方法去宽恕自己或他人。这一点体现了宽恕发展上的个体差异。虽然研究结果表明，大学生宽恕感总体正向积极，但是在分析宽恕的均分后也发现，还是有少部分大学生的宽恕水平处于中等水平以下，受到伤害或者伤害他人后，会对冒犯者怀恨在心或不容易原谅自己。因此，在未来的教育实践中，学校不应将关注点局限于大学生的学习成绩，而是要深入他们的情感世界与心理健康层面，特别是要对大学生宽恕能力的培养给予足够重视。学校需在日常教学与生活环境中发挥积极的引导作用，教育引导大学生学会自我善待与理解他人，培养他们以积极的心态和恰当有效的方式来应对所遭受的伤害。学校应通过系统的教育与引导，帮助大学生逐步建立起宽恕的品德。学校应营造一个宽容与支持的校园文化氛围，让大学生在这样的环境中自然而然地学会宽恕，进而推动他们成为具有高尚情操、健康心态和社会责任感的未来栋梁。

2. 大学生宽恕自己得分均低于宽恕他人得分，这表明大多数大学生在受到伤害后，会由于各种原因最终选择宽恕侵犯者，而在面对自己的错误时，大多数人会耿耿于怀，揪着自己的错误不放，无法释怀。宽恕他人不仅有利于建立和谐的人际关系，而且有利于自身形成高尚的品德。根据对文献资料及访谈结果的整理，笔者认为，一方面，中华传统文化中的宽恕教育理念对大学生宽恕品质的形成产生了深远的影响。自古以来，"严于律己，宽以待人""以和为贵""忍一时风平浪静，退一步海阔天空""夫子之道，忠恕而已""得放手时须放手，得饶人处且饶人""吾日三省吾身"等被视为一种高尚的道德准则，它们教导人们在自我约束的同时，对他人应持宽容态度。另一方面，从家庭教育角度而言，在孩子幼年时期，大部分家长十分注重品德教育，经常向孩子灌输谦让他人、克己复礼的观念，教导孩子要有仁慈之心。这种教育方式在培养孩子良好品德方面发挥了积极作用，让孩子从小就懂得尊重他人、关爱他人。

然而，在这一过程中，却存在着一定的教育缺失，即缺少对孩子自我接纳的教育，导致大学生对自己的思想和行为要求更高，也更为苛刻，以至于当他们受到伤害后还是更愿意表现出原谅与包容对方，但在自己做错事时并没有自我宽恕的概念，他们认为自己一旦伤害他人就要受到惩罚，付出代价。调研中发现，当看到同学在学习或生活中犯错时，大学生能够理解并给予帮助。他们的想法往往是："大家都是同学了，难道还不说话，一直生气吗？""况且对方已经向我道过歉了，算了吧，就给他点面子吧。""其实他平时对我还是挺好的，这次不知道是什么原因导致的，可能我自己也有错吧，就再给他机会了，不计较了。""同学都劝我算了，想想也是，鸡毛大的事情，何必放在心上了，同学之间的友谊很难得，还是多点珍惜和包容吧。"然而，当自己犯同样的错误时，内心充满了愧疚和自责，理想自我和现实自我会产生冲突，较难做到自我宽恕。在访谈中，有些同学也提到，当意识到自身的错误时，他们往往会沉浸在愧疚、后悔与自责的情绪之中。然而，经过一段时间，他们大多能够逐渐平复情绪，调整心态，总结经验，展望未来。正如一些学生所言，"每当犯错误，我都很内疚，但随着时间的推移，我就会想到毕竟人无完人，谁都有可能会犯错，况且当时我不是故意的，所以也会慢慢原谅自己""我当时怎么会犯那么低级的错误，但意识到错误已经发生，时光无法倒流，再怎么悔恨也是无济于事，于是我会思考如何弥补过错，给自己一个重新开始的机会""虽然我犯了错误，但是想想事情的结果并没有我想象中那么糟，生活总要继续，我也不再纠缠于错误之中，吸取教训，好好生活"。因此，学校应在日常的教育中，培养大学生接纳自己的能力，帮助他们提升自我宽恕水平，促进健康心理发展，提升幸福指数。

3. 不同年龄段学生的宽恕水平可能存在差异，需综合考虑多种因素进行研究。这可能和以下原因有关。一是罗伯特·恩莱等人于1989年提出的"表面性宽恕"时期表明，十几岁青少年的宽恕倾向是不稳定的。本科生群体年龄大多处于这一阶段,他们在面对他人的过错时,内心的宽恕决策往往受到多种因素的干扰。二是被试的问卷填写态度问题。在本研究中,虽然采取了一系列措施来确保问卷填写的真实性和有效性,但仍然无法保证每位被试都依据个人真实情况认真填写数据,可能会存在少部分被试不认真填写问卷而影响研究结果的情况。比如,有些学生可能只是随意勾选答案,并没有认真思考,这样的行为无疑会对研究结果产生干扰,导致数据偏差,进而影响对本科生宽恕水平的准确评估。关于不同年龄段学生的宽恕水平,仍有待进一步研究。

5.9.2 两个群体的宽恕状况

不同的人口学变量在宽恕自己、宽恕他人两个维度及宽恕总量表上表现出不同的特点。

本科生宽恕状况

1. 不同性别的本科生在宽恕总量表及其两个维度上的得分均无显著差异。这说明无论是男生还是女生都接受了同等的教育,在解决问题时,均能够恰当地应对。这一研究结果和许多学者的研究结果一致。国内有研究表明,大学生倾向性宽恕均无显著性别差异(马洁,2010);国外研究同样发现,男女大学生在宽恕他人、宽恕自己量表上的得分无显著性差异(Barber,1983)。

2. 是否担任学生干部的本科生在宽恕自己上的得分无显著差异,但担任学生干部的本科生在宽恕他人及宽恕总量表上的得分都显著高于没有担任学生干部的本科生。从得分上看,担任学生干部的本科生在宽恕两个维度和总量表上的得分都高于未担任学生干部的本科生。在担任学生干部的过程中,由于经常参与学校和班级活动,学生的人际交往变得更广,也变得更复杂,随之要面对更多的人际问题。当遇到人际冲突时,他们更倾向于采取一种理智的态度去审视和分析问题,也会展现出更高的包容性和理解力,更全面地理解对方的感受，因而往往更容易释怀并原谅他人的过错。这种宽恕的心态不仅有助于维护班级的和谐氛围，也促进了学生在人际交往中的成长与进步。

3. 不同专业的本科生在宽恕自己维度上的得分无显著差异，工科生在宽恕他人维度上的得分显著高于文科生及理科生，在宽恕总量表上的得分显著高于理科生。笔者认为，工科生与其他专业学生之间在宽恕他人方面存在的差异，很大程度上可以归因于工科生的学习方式和思维模式。因为工科学生经常要做实验，且其中不少实验项目是和同学们一起合作完成的。这种合作过程不仅锻炼了他们的团队协作能力，而且促进了同学间的相互理解和支持，进而有助于培养团结互助、和睦相处以及宽容大度的心理特质。再者，工科生倾向于用理性思维来分析问题，即从更理智、客观的角度看待问题，既会考虑到问题的正面，也会考虑到问题的反面，因此更容易接纳现实，避免让自己陷入负面情绪之中。有研究发现文科生和工科生相比，"更常把小事放在心上，悲观、爱思考"（王碧英，2004）。国内外很多研究表明，反复思考伤害事件和宽恕呈显著负相关。如有研究指出，当个体陷入对某种冒犯行为的沉思并反复体验自己受到伤害时的情绪和感受时，他内心便会不自觉地增加复仇的动机，从而宽恕的可能性越来越小。这些可能都是导致工科生宽恕水平较高的原因（胡三嫚 等，2005）。总之，不同的思维方式对大学生的宽恕水平也会产生一定的影响。

4. 不同年级的本科生在宽恕自己维度上的得分无显著差异，说明本科生宽恕自己的心理发展较为稳定。大一学生在宽恕他人维度上的得分，显著高于大二、大三与大四学生，在总量表水平上的得分显著高于大三和大四学生。张海霞在研究中证明，大一学生的宽恕他人水平显著高于其他年级的学生。虽然有研究证实，宽恕水平在人的一生中呈现上升趋势（喻丰 等，2009），但与本文的研究结果有些许不同。通过访谈，笔者发现这一现象的产生可能和以下因素有关。大一新生刚从高考的压力中解放出来，进入大学后更渴望在陌生的环境中建立新的人际关系，并收获和谐的人际交往体验。再者，大一新生彼此之间有新鲜感，也并不是很了解，尚不存在竞争冲突，故而在人际交往时往往表现出更多的宽容与和善。当遇到矛盾时，他们更倾向于以和为贵，表现出宽容与大度的态度。然而，随着年级的升高，大学生的生活重心逐渐由外在的社交活动转向内在的学习，如升学考试、应聘考试等。随着毕业的临近、心智的成熟，残酷的竞争让他们忽略了人际交往，宽恕水平随之降低，并在一段时间内达到最低。因此，高校应对毕业生群体给予特别关注并实施积极的干预，帮助其修正错误认知，改善人际关系，提升宽恕水平。

硕士生宽恕状况

1. 不同性别的硕士生在宽恕及其两个维度上的得分均无显著差异。研究结果和许多研究者的研究结果相同。国外有研究结果表明，在宽恕倾向上不存在显著的性别差异（Brose，2005）。随着社会的进步与发展，男生、女生的地位越来越平等，故而在性别上的差异也会越来越小。

2. 是否担任学生干部的硕士生在宽恕总量表及其两个维度上的得分均无显著差异。对52名硕士生进行访谈后发现，超过70%的硕士生在本科甚至更早的读书阶段担任过学生干部。这一比例之高，充分显示出硕士生群体拥有担任学生干部经历的普遍性。这可能也是造成硕士生宽恕水平在该变量上无显著差异的一个主要原因。

3. 不同专业的硕士生在宽恕总量表及其两个维度上的得分均无显著差异。在当前的教育环境里，考研选专业的情况复杂多样。有些学生可能会考虑适合自己的专业、感兴趣的专业或就业相对较好的专业而跨专业读研。对一个文科班的硕士生进行调查，发现班上有近40%的硕士生是跨专业读研。如此高的比例，表明跨专业读研在硕士生群体中并不罕见。这可能是造成硕士生宽恕水平在该变量上无显著差异的原因。

4. 不同年级的硕士生在宽恕及其两个维度上的得分均存在显著差异，表现为研一学生在宽恕自己、宽恕他人和总量表上的得分均显著高于研二和研三学生。罗伯特·恩莱特及其同事认为，个体对宽恕的理解同道德发展相似，都会随着年龄的增长而发生变化。步入硕士生生涯初期，大多数学生怀揣着兴奋与期待的心情，彼此间尚处于初步了解的阶段，对周围的新环境、新同学以及面临的新挑战都充满了新鲜感。在这一阶段，同学间的相处相对简单纯真，利益冲突较少，人际关系较为和谐。然而，随着年级的逐渐升高，同学们在学习、生活以及个性特点上的差异开始显现，各自的优缺点也日益凸显。由于缺乏足够的理解与包容，同学间的不谅解情况逐渐增多，人际矛盾不断升级。再者，随着学业和就业压力的增大，硕士生也会感受到焦虑与无助等消极情绪。这些消极情绪也会影响他们的心理健康，让他们的人际关系变得愈发紧张。若不具备有效解决冲突矛盾的能力，容易让矛盾进一步恶化，进而影响宽恕水平。此外，随着年龄的增长，硕士生更为理性，道德要求更高，对自己的冒犯行为更不能宽恕。

5.9.3 两个群体宽恕的比较研究

对本科生、硕士生两个群体的宽恕进行比较，研究结果发现，在宽恕自己维度和宽恕总量表上的得分，本科生、硕士生两个群体无显著差异。虽然国外有些研究表明宽恕在年龄上存在显著的差异，即宽恕水平随着年龄的增长逐渐上升，老年人一般比年轻人更容易宽恕冒犯者。但这些研究基本上都是用青年人、中年人和老年人进行比较，年龄跨度较大。而在本研究中，年龄跨度较小，所以宽恕自己维度和宽恕总量表上的得分无显著差异。

同时，研究也发现，硕士生在宽恕他人维度上的得分显著高于本科生，结合访谈结果得出以下两个原因。①被调查的硕士生群体年龄相对较大，思想更为成熟稳重，他们普遍摆脱了升学压力，课业负担相对较轻，对未来职业生涯的规划也较为从容，这使得他们之间的竞争态势相对缓和，人际关系因此变得更为单纯和谐。在处理人际矛盾时，硕士生们往往展现出更大的宽容与大度。相比之下，本科生群体则需面对多重竞争压力，如学生干部职位的竞争、学业成绩的比拼、实习工作的寻找以及最终就业市场的激烈竞争等。这些压力促使他们必须将更多精力投入个人奋斗中。在这样的背景下，本科生在受到伤害时，往往较少有时间去考虑宽恕他人的问题。马斯洛的需求层次理论为此提供了理论支撑：只有在基本生存需求得到满足后，个体才会进而追求社会交往等更高层次的需求。因此，本科生所面临的种种竞争，在一定程度上确实影响了他们的宽恕水平，使得他们在处理人际关系时可能显得更为谨慎和小心。②在被调查的硕士生群体中，有一部分硕士生并未选择住校，他们边工作边读书，因此与同学们共处的时间相对有限，主要集中在上课及少量的课余时光。这样的生活方式减少了他们与同学间的人际交往摩擦。当偶尔出现矛盾时，由于交往频率较低且关系相对简单，他们往往能够展现出更大的宽容与大度。相比之下，本科生群体普遍为住校生，长期与同学们朝夕相处，这种紧密的生活方式使得他们更易因各种差异而产生矛盾。面对这些挑战，一部分本科生能够积极应对、调整心态，保持乐观向上的生活态度；而另一部分同学则可能将这些不良情绪不自觉地带入与同学的人际交往中，从而引发人际矛盾。更为关键的是，由于缺乏有效处理矛盾的经验和方法，这部分同学在矛盾面前往往显得手足无措，难以做到宽容与理解，进而影响了他们的宽恕水平。

5.9.4 两个群体幸福感的比较研究

1. 本科生、硕士生两个群体在生活满意度、正性情感、负性情感、生命活力、健康关注、利他行为、自我价值、人格成长8个维度上的得分无显著差异，但本科生在友好关系维度上的得分显著高于硕士生。这可能与本科生年龄小有关。与硕士生相比，本科生更具有真诚、持久的人际关系。

2. 本科生、硕士生两个群体在社会认同、社会实现、社会贡献、社会和谐、社会整合 5 个维度上的得分不存在显著差异。

3. 本科生在幸福指数上的得分显著高于硕士生,这可能与本科生更具活力的生活状况和丰富多彩的校园活动有关。硕士生是以学习为主的群体,其生活方式相对较为单一。硕士生阶段的学习任务更为繁重,他们主要精力都集中在专业课程学习、学术研究以及论文撰写上。在访谈中也发现,有学生提到,为了完成科研项目,他们经常需要长时间熬夜做实验、分析数据,这种紧张的学习节奏和巨大的压力,会让他们无暇顾及生活中的其他乐趣,进而降低了对幸福的感知能力。

5.9.5 宽恕与幸福感的关系研究

宽恕与幸福感的关系

幸福感是对源自内心深处的心理需求的满足,可以分为主观幸福感、心理幸福感和社会幸福感。本研究通过对本科生、硕士生两个群体宽恕水平各维度与幸福感各维度进行分析,结果发现,两个群体的宽恕与幸福感各维度存在较多的、显著的正相关性($p < 0.01$)。这和国内外很多学者的研究结果一致,进一步证实了宽恕与幸福感之间紧密的正向关联。宽恕与幸福感呈正相关的原因,主要是拥有宽恕这一积极品质的个体更善于在日常生活中保持良好的心态。当大学生面临挫折困境,例如考试失利、求职碰壁时,他们不会陷入长久的沮丧与抱怨之中,而是凭借宽恕的特质,主动地调节自身的认知方式。他们不会一味地纠结于失败的痛苦,而是积极地从挫折中汲取经验教训,将其视为成长的契机。这种积极的思维模式和处事态度,使得他们能够以乐观的视角看待问题,更容易发现生活中的美好与积极面,从而拥有更高的幸福感。

宽恕对幸福感的回归分析

幸福感和宽恕的关系进一步使用回归分析，研究结果显示，宽恕对幸福感的预测、影响较稳定。这表明，大学生宽恕水平越高，幸福感就越高。事实上，无论在国外还是国内，早有大批学者指出，宽恕对于人们的心理健康和良好生活具有潜在影响，其中就包含幸福感。

在国外，大批研究者对宽恕与幸福感的关系进行过探讨。有研究表明，宽恕能产生积极情绪，进而提升生活满意度（Maltby et al., 2005）；宽恕与幸福感相关，宽恕可以为人类提供力量，促使个体维持和提高幸福感（Enright, 1995）；宽恕程度会影响人的主观幸福感，那些报复欲强、宽恕水平低的被试所体验的主观幸福感较低（Hapiro, 1991）；宽恕能促使个体对侵犯者、侵犯行为和侵犯行为后果的反应，产生一种从消极到中性或积极的转变，这种转变可使个体产生积极的认知，进而引发积极行为的产生（Thompson, 2005）；宽恕有助于促进个体的心理健康，提高个体的幸福感水平（Karrenmans, 2003）。近些年来开始了宽恕心理治疗的临床应用，并且宽恕干预的价值也被国外学者证实，有的研究者还将宽恕干预应用于学校教育，结果表明，宽恕课程能有效地降低学生的愤怒情绪和减少学生的不良行为，提高他们的人际关系质量，使学生形成积极的应对方式，减少校园伤害事件的发生。

国内关于宽恕的实际应用还在起步阶段，张海霞对大学生进行相关调查后发现，宽恕对主观幸福感具有显著的预测作用，其中人际关系满意感起着部分中介作用。宽恕能助力个体有效应对人际冲突与伤害，特别是减少消极情绪，如气愤、担忧、恐惧、愧疚，减少个体的焦虑、抑郁，提高个体的自尊、主观幸福感和生活满意度。利用主观报告的研究手段，研究者们发现了一个有趣的关联：个体对于冒犯者的宽恕态度与其对生活的总体满意度之间存在正相关性，即宽恕倾向越强的人，生活满意度也越高。个体越是能宽恕自己或他人，就越能淡然地面对生活所呈现的一切，从而对自己的情感和行为有更好的掌控，紧张和焦虑水平相对更低，并能以积极的方式来应对压力，宠辱不惊、心境淡然；越能对他人的过错与自己的成败看得不那么重要，就越容易获得较高的人际关系满意度，从而促进幸福感的提升。犯错是不可避免的，那些不宽恕或宽恕水平低、报复欲强的个体，若不能进行积极的宽恕，这些大大小小的错误就会变成一种沉重的愤怒感和压力感，将会长期承受和体验着不宽恕状态对身心的压力，并交织着苦恼、愤怒、敌意、不满、仇恨和恐惧等种种负面情绪，严重影响自身幸福感体验。当然，先天宽恕水平较低的个体也可以通过后天的宽恕干预与宽恕训练等方式提高自己的宽恕水平，从而提高幸福感水平。总之，宽恕是关乎自身幸福生活以及心理健康的重要方面，提高宽恕水平能够有效地提升幸福感。近年来，已有大量学者将宽恕作为素质教育的一种内容引入学校，其教育成果显示宽恕可以有效地消除学生的负面情绪，培养学生的积极态度，减少校园伤害事件的发生。

也有研究者认为，在探讨宽恕与主观幸福感之间的关系时，不应仅仅局限于宽恕如何促进主观幸福感的提升，而应同样重视主观幸福感状态如何反过来影响个体的宽恕意愿与能力。李湘晖的研究发现，主观幸福感对宽恕有显著影响，回归分析显示对生活的满足和兴趣、忧郁或愉快的心境、松弛与紧张以及主观幸福感总分对宽恕水平影响显著。袁小帆等人的研究也得出相同的结论。由此可见，个人的宽恕倾向与幸福感是相辅相成的，这种关系贯穿于人们生活的方方面面，深刻影响着个体的心理状态和生活质量。从宽恕倾向对幸福感的促进作用来看，乐于宽恕的人，能够较快地放下心中的怨恨，将伤害事件的消极影响降到最低，并能够以更加积极的心态面对生活中的各种挑战，从而更容易感受到幸福。反过来，生活幸福的人往往具备一种豁达开朗的心态。他们会凭借内心的豁达，主动放下矛盾，更愿意达成宽恕。

5.10 总结与启示

5.10.1 研究结论

本研究使用修订后的《大学生宽恕量表》对本科生、硕士生群体进行实证调查，研究两个群体的宽恕状况，比较两个群体在幸福感各维度上的差异，并尝试探讨宽恕对幸福感的影响。本研究获得如下结论。

大学生宽恕状况

大学生在宽恕自己、宽恕他人及宽恕量表上的得分均处于中等水平以上；大学生宽恕自己维度上的得分均低于宽恕他人维度上的得分；不同年龄段的宽恕水平可能存在差异。

两个群体宽恕状况

1. 不同性别的本科生在宽恕总量表及其两个维度上的得分，无显著差异；是否担任学生干部的本科生在宽恕自己维度上的得分，无显著差异，但担任学生干部的本科生在宽恕他人维度、总量表上的得分，均显著高于非担任学生干部的本科生；不同专业的本科生在宽恕自己维度上的得分，无显著差异，工科生在宽恕他人维度上的得分显著高于文科生及理科生，工科生在宽恕总量表上的得分，显著高于理科生；不同年级的本科生在宽恕自己维度上的得分，无显著差异，大一学生在宽恕他人维度上的得分，显著高于大二、大三和大四学生，大一学生在宽恕总量表上的得分，显著高于大三和大四学生。

2. 硕士生宽恕总量表及其两个维度在性别、专业、是否担任学生干部变量上无显著差异；研一学生在宽恕总量表及其两个维度上的得分均显著高于研二和研三学生。

两个群体宽恕的比较

本科生、硕士生两个群体在宽恕自己维度和宽恕总量表上的得分无显著差异,硕士生在宽恕他人维度上的得分显著高于本科生。

两个群体幸福感的比较研究

本科生、硕士生两个群体在生活满意度、正性情感、负性情感、生命活力、健康关注、利他行为、自我价值、人格成长 8 个维度上的得分无显著差异,但本科生在友好关系维度上的得分显著高于硕士生。本科生、硕士生两个群体在社会认同、社会实现、社会贡献、社会和谐、社会整合 5 个维度上的得分不存在显著差异。本科生在幸福指数维度上的得分显著高于硕士生。

宽恕与幸福感的关系研究

本科生、硕士生两个群体的宽恕及其两个维度均与主观幸福感、心理幸福感、社会幸福感呈正相关。两个群体的宽恕与幸福感在 14 个维度上存在较多的、显著的正相关。宽恕在一定程度上预测、影响着幸福感。

5.10.2 研究创新性

本研究通过标准化程序修订了《大学生宽恕量表》,并运用该量表对两个群体的宽恕进行了调查研究,对大学生宽恕与幸福感的相关关系做了定量研究,取得了一定的研究成果。

研究对象

在心理学领域,宽恕与幸福感一直是备受关注的研究课题。过往国内外众多学者针对宽恕和幸福感展开了大量研究,收获了许多具有重要价值的研究结论,这些研究结论为本次研究提供了扎实的理论基础。回顾以往研究不难发现,其研究对象大多聚焦于某一特定群体,鲜少有针对几个群体的比较研究。本研究主要探讨本科生、硕士生两个群体的宽恕状况及其对幸福感的影响,以期为高校开展宽恕教育,培养大学生宽恕行为,增强自身宽恕意识,让他们积极、乐观、正确地对待人与人交往产生的问题,维护良好的人际关系,宽容饶恕他人，从而幸福快乐地生活。

研究方法

本研究采用的测量工具——《大学生宽恕量表》，是在对国外量表的中文版进行修订的基础上编制的。修订后的量表更贴合我国大学生的实际情况，对本土研究及本研究来讲，具有较高的适配度，能够更准确地测量我国大学生的宽恕水平。

研究内容

本研究通过实证调查，系统地研究本科生、硕士生两个群体的宽恕状况及其对幸福感的影响。该研究不仅丰富了宽恕与幸福感领域的研究资料，也为后续关于宽恕的研究方向提供了新的思路和启示。

研究结果

本研究的结果为高校优化教育教学工作、促进大学生身心健康发展提供了切实可行的参考依据。

5.10.3 研究局限与展望

尽管本研究在大学生宽恕与幸福感领域取得了一定的成果，但受时间、人力、物力等多种客观因素的限制，本研究在实施的过程中还有许多不足和有待完善的地方，须在今后的研究中加以改进，主要表现在以下几个方面。

取样范围不广泛

由于研究时间、社会资源和经费所限，本研究仅在一所学校抽样两个群体共410人，样本取样不全面，并不能直接推广，未能检验地区差异对研究结果可能带来的影响，或许也会因为不同地区人群的生活习惯、风俗民情不同而产生不同的研究结果。本问卷在其他群体中的应用情况，还需要未来的研究进一步验证。因此，在后续研究中，研究者将致力于扩大样本的选取范围，涵盖不同地区、不同层次、不同类型高校的大学生，同时兼顾不同家庭背景等因素，从而进一步增强研究结果的普适性和可靠性。

研究方法不全面

本研究主要通过自我报告法来收集数据，虽然这种方法操作简便、数据收集效率较高，但也存在诸多局限性。社会赞许性偏差是一个不可忽视的问题，被试在作答时，可能会为了迎合社会期望给出符合大众认可的答案，而并非其真实的观点和态度。例如，在宽恕量表的作答中，被试可能从社会道德规范出发，认为做错事理应承担责任，在问卷上选择积极宽恕的选项，但在实际生活情境中，他们或许表现出与问卷作答不一致的行为。此外，被试的参与动机和态度也会对作答的真实性产生影响。虽然我们对问卷进行了反复的筛选，但不可避免会出现被试随意作答的情况，因此，测量误差的出现是在所难免的。因而，在以后的研究中应尝试将观察法、实验法或者情景测验研究方法结合起来获取信息，更全面、准确地揭示大学生宽恕与幸福感的内在关系，使结论更具有说服力。

研究内容不丰富

关于大学生宽恕的影响因素有很多，本次研究选择的是人口学变量及幸福感。虽然这两个方面对大学生宽恕具有重要影响，但它们仅仅是众多影响因素中的一部分。父母的教养方式、同伴关系、学校教育环境等因素也可能与本次研究选取的因素产生相互作用，共同影响大学生的宽恕水平。然而，这些因素在本次研究中并未涉及，有待进一步深入研究。未来将拓展研究内容，纳入更多潜在的影响因素，通过多变量分析等方法，全面探究各因素之间的复杂关系，从而更深入地揭示大学生宽恕行为的形成机制和影响因素。

第6章 积极心理学视野下宽恕心理的提升策略

法国著名诗人维克多·雨果曾以他那富有哲理的言辞启示世人："在陆地上最为辽阔者当数海洋，然而比海洋更为浩瀚无垠的是广袤的天空，而相较于天空，人类的心胸则展现出更为无限的宽广。"这句话深刻揭示了人类心灵包容性的无限潜力。在我国悠久的历史长河中，"将相和"的佳话流传甚广，它不仅颂扬了古代贤者的智慧与胸襟，更为现代社会的道德品质教育提供了宝贵的历史借鉴，强调了宽容与和解在人际关系中的重要性。西方心理学界流传着一句名言："宽恕那些伤害过你的人，不是为了显示你的宽宏大度，而是为了你的健康，如果仇恨成为你的生活方式，那你就选择了最糟糕的生活。"这一见解从心理学的视角深刻剖析了宽恕的深层价值，指出宽恕不仅是对他人的一种释怀，更是对自我心灵的一种救赎与保护。这些研究深入探讨宽恕作为一种积极应对冲突与伤害的策略，其实质是一种高度亲社会的行为表现。它要求个体在面对不公与伤害时，能够超越个人的恩怨情仇，以更加开阔的视野和包容的心态去看待问题，从而不仅促进了人际关系的和谐与稳定，也提升了自身的心理健康水平和社会适应能力。因此，宽恕不仅是对他人的一种慈悲与理解，更是对自我成长与提升的一种深刻实践。

培养宽恕心理不仅对社会整体的和谐与稳定发挥着积极且深远的正面效

应，而且还对个体的心理福祉产生了深刻而广泛的影响。宽恕作为一种强大的心理机制，能够显著增强个体的积极情感体验，为心理健康筑起一道坚实的防线，进而促进内心世界的宁静与和谐，使个体在生活的各个层面都能感受到更加充盈的幸福感。这种幸福感不仅源于对他人宽容所带来的和解与释然，也包括了自我宽恕后那份从内心深处涌动的自我接纳与释怀。无论是面向他人的宽恕，还是针对自我的宽恕，都是个体挣脱负面情绪枷锁、实现心灵成长与蜕变的关键路径。它们为个体注入了强大的内在力量，助力个体挣脱过往阴影的束缚，以更加自尊、自信、自爱的姿态迈向未来，勇敢地迎接生活中的挑战与考验。这种转变不仅体现在个体的心理状态上，更深刻地影响着其行为方式与人际交往模式，为个体的全面发展与成长奠定了坚实的基础。众多研究已证实，宽恕并非一种与生俱来的天赋特质，而是可以通过后天的教育与训练来逐步培养和提升的，即宽恕品质是可以塑造的。因此，倡导宽恕教育正是顺应了积极心理学的发展方向，有助于构建一个更加和谐与包容的社会环境。对于正处于人生关键阶段的大学生而言，宽恕教育理念如同一盏明亮的灯塔，照亮了他们在面对生活"不公"与挑战时前行的道路。它引导大学生以平和理性的态度来审视并应对所谓的"不公平对待"，帮助他们建立起更加坚韧、乐观的心理防御机制，从而有效促进其心理发展与成长。在这一过程中，大学生不仅能够学会如何宽恕他人，更能深刻领悟到自我宽恕的重要性，从而在人生的旅途中更加从容不迫地前行，不断书写属于自己的精彩篇章。

  积极心理学的研究视野已经超越了传统心理学对问题心理的关注，转而采取一种更为开放和欣赏的视角，积极探索人类的潜能、动机、能力以及一系列积极的心理特质。其核心理念在于发现并善用个体内在的潜能与资源，以此作为提升个人素质、优化生活品质的重要途径。这一研究取向与学校教育的核心宗旨不谋而合，双方都致力于塑造学生的卓越品德与优秀品质，增强他们的心理素质，推动个体在知识、情感、社交等多个维度上的全面发展。在这一框架下，宽恕作为一种积极的心理品质和心理资本，其重要性愈发凸显。宽恕不仅能够促进个体内心的和谐与成长，帮助人们从过去的伤害中解脱出来，以更加积极的心态面对生活，还能在社会层面促进人际关系的和谐，为社会的和谐稳定与组织体系的健康发展带来深远的正面影响。运用积极心理学理念，可以从以下三个方面提升大学生的宽恕心理。

6.1 塑造良好心态，增加积极的情绪体验

个体面临多样化的生活情境时，往往会本能地趋向于追求快乐与满足的状态，内心持续洋溢着一种愉悦而向上的情感倾向，我们通常将之称为积极情绪。积极情绪的内涵丰富，涵盖了诸如爱、希望、浓厚的兴趣以及乐观主义等正面情感体验，它不仅仅表现为一种愉悦和快乐的外在特征，更蕴含着积极的内在价值。这种情绪状态对于个体而言，具有增强多方面资源的重要作用，无论是身体机能、智力潜能、心理健康，还是人际交往能力，都能得到显著的促进和提升。积极情绪能够拓宽个体的思维和注意力，帮助个体在面对问题时探索多样化的解决方案。这种创新的思维方式，不仅有助于个体保持乐观向上的态度，还能够将普通或消极的生活事件赋予积极意义，从而提升个体的宽恕水平。积极心理学作为专注于人类积极心理品质的学科，主张寻求问题本身的积极体验。为了在日常生活中增加积极的情绪体验，我们可以采取以下四种策略。

6.1.1 主动学习知识，树立乐观的处事态度

马丁·塞利格曼的研究表明，乐观是建构美好健康人生的有力工具，可以

帮助个体远离抑郁、提升成就、促进健康并使个体加深自我了解，建立积极进取的人生观（Seligman，2002）。乐观作为一种难能可贵的积极心理特质，不仅代表着一种积极向上、健康和谐的生活态度，也体现了个体在人际交往与应对世事时所秉持的一种明智而开朗的思维方式。这种心态，如同北宋文豪范仲淹在《岳阳楼记》中所言的"不以物喜，不以己悲"，彰显了中国古代士人超然物外、淡泊名利的豁达情怀，教导我们在面对外界环境的变迁和个人境遇的起伏时，都应保持一颗平和淡然的心，不为外物所扰，不为私情所困。大学生要主动学习积极心理学相关知识，在日常的学习与生活中，也应当注重心灵的修炼，做到不骄不躁，以平和的心态面对一切挑战与机遇。这包括降低自身的特质愤怒水平，提升情绪的稳定性，增强人际交往中的宜人性，从而逐步培养出一种乐观向上、坚韧不拔的积极心态。历史上，"成大事者，不拘小节"的智慧告诫我们，在追求宏伟目标的过程中，不应被琐碎事务束缚，更不应沉溺于无谓的争执之中。面对外界的误解与伤害，我们应学会以宽广的胸襟去包容，回忆并珍视对方曾经给予的善意，以此平息内心的波澜，不让愤怒的情绪成为阻碍我们前进的绊脚石。同时，在自我反省与成长的道路上，当遭遇失败或犯错误时，我们应铭记"失败乃成功之母""吃一堑，长一智"的古训，将每一次挫折视为通往成功的必经之路，将每一次失败转化为智慧的积累。我们应当学会感激这些看似不顺的经历，因为它们为我们提供了洞察自身不足的机会，促使我们不断地认识自我、接纳自我，并在塑造更加完善的自我过程中，避免重蹈覆辙。拥有豁达心态的大学生，常常能以乐观、坦然及从容的态度去拥抱人生。他们心胸宽广、宠辱不惊，能够宽以待人、顾全大局。这样的心态不仅为他们的生活带来了温暖与幸福，更为他们未来的成长与发展奠定了坚实的基础。

6.1.2 注重心理干预，强化宽恕行为

心理辅导并非一蹴而就的事情，它需要持续努力与耐心呵护。众多研究已表明，宽恕作为一种内在的心理机制，在心理治疗过程中发挥着不可或缺的积极作用，它不仅能够显著提升个体的心理健康水平，还能带来显著的改善效果。美国知名心理治疗专家露易丝·海在她的畅销著作《生命的重建》中说道："所有的疾病，其根源都在于内心的不宽恕。"诚然，个体若长期承载自责、埋怨、愤怒、忧郁、焦虑等负面情绪的重担，将对身心健康造成严重的影响。因此，在心理咨询的实践中，宽恕常被视为一种高效的心理疗愈工具，它能够帮助个体卸下心灵的枷锁，重新找回内心的平静与自由，学会以更加客观、理性的视角去审视那些曾给自己带来痛苦的经历，从而以更加健康、积极的心态去面对未来。心理咨询师需深入了解大学生的个体特点与需求，制订出一套有针对性的心理干预策略，主要包括以下几个步骤。第一步，营造一个充满真诚、无条件尊重与理解的环境。正如古语所云，"亲其师信其道"，只有当大学生对心理咨询师建立起充分的信任，他们才会愿意敞开心扉，勇敢地迈出改变的第一步。这样的信任关系为后续的咨询工作奠定了基础。第二步，心理咨询师需引导来访者正视伤害，面对现实，并认识到伤害虽然已经发生，但可以采取积极的方式应对，从而减轻他们的心理负担。第三步，心理咨询师需向来访者揭示不良情绪对身心健康造成的危害，并和他们分享情绪管理的小妙招。第四步，心理咨询师需帮助来访者培养共情能力，摆脱以自我为中心的思维模式，学会站在他人的角度思考问题，学会理解并尊重他人的感受。第五步，心理咨询师需提升来访者的积极情绪，引导来访者以感恩、乐观的心态面对生活中的挑战与困难，增强他们的心理韧性，为未来的成长与发展注入正能量。除了个体咨询外，团体干预同样是一种有效的手段。通过组织主题团辅活动，让大学生在集体中相互支持、共同学习，形成一种积极向上的氛围，促进大学生

之间的情感交流与相互理解，从而提升宽恕水平。宽恕是一个漫长的过程，需要经历或长或短的宽恕周期。高校心理咨询中心应对每名前来咨询的大学生做好详细的心理咨询记录，通过对心理咨询案例的分析以及相关问卷调查结果的整理，准确地了解当今大学生的宽恕倾向及其影响因素，并有针对性地为他们制订宽恕指导方案，并建立大学生心理健康档案，以便持续监督其宽恕水平的提升。

6.1.3 搭建服务平台，增强自我价值感

教师应当为大学生创造多样化的机会，搭建广阔的平台，鼓励他们深入挖掘自身及他人的闪光点，充分发挥个人优势，投身于富有意义的事业之中。正如那句流传甚广的谚语所言："赠人玫瑰，手有余香。"大学生通过积极参与诸如爱心捐赠、"暑期三下乡送温暖"等一系列丰富多样的志愿者活动和社会公益项目，不仅能够极大地拓宽个人的社交视野与交往圈子，结识来自不同背景的朋友，共同为社会的和谐与进步贡献力量；而且，这些宝贵的经历还能深刻激发他们主动关注社会热点问题、积极适应复杂多变的社会环境、全心全意融入社会发展大潮的热情与责任感。在此过程中，大学生不仅在实践中锻炼了自己的沟通协调能力和团队协作精神，更在心灵深处种下了回馈社会、奉献爱心的种子，这对于他们未来成为有担当、有作为的社会栋梁之材具有不可估量的积极作用。这些实践活动能够让大学生在付出中感受到自己的力量与价值。在奉献社会的过程中，大学生为他人带去温暖与幸福，同时也会深刻体会到助人亦自助的快乐，收获满满的成就感与获得感。这些成功的体验不仅丰富了他们的精神世界，还陶冶了情操，培养了宽容大度的品质。教师在参与活动的过程中，应当引导大学生进行积极的人际交往与沟通，教导他们如何在不同情境下展现出得体的言行举止，如何妥善处理人际冲突，如何避免伤害他人或遭受他

人伤害，这些都有利于提升人际信任水平。同时，教育大学生在冒犯对方时，要及时采取弥补措施，比如，诚恳地向受害者表达歉意，或给予适当的补偿，以寻求对方的谅解。通过这样的实践活动，相信大学生不仅能够增强自我价值感，还能在人际交往中不断成长与进步，学会宽容与理解，为构建和谐的人际关系奠定坚实的基础，为社会注入更多的正能量与温暖。

6.1.4 记录宽恕行为，探寻积极的情绪体验

引导大学生在理性认知的基础上，积极探索宽恕在日常生活中的实际应用，以及它是如何促进个人情绪积极转变的。设立以"宽恕"为主题的活动月，营造一个开放、包容的氛围，鼓励大学生勇于分享自己的宽恕经历，无论是宽恕他人还是自我宽恕的故事均可，并鼓励大学生共同探讨这些经历如何正面影响了他们的情绪状态与人际关系。这样的活动不仅能够增进大学生之间的理解与共鸣，还能激发更多关于宽恕的积极讨论与思考。在这一过程中，首先要引导大学生回顾并分析，在日常生活中实施宽恕行为后，他们的情绪状态发生了怎样的积极变化。通过具体的例子，帮助他们认识到宽恕在缓解紧张氛围、减轻心理负担方面的作用。其次，引导大学生发现，宽恕行为能改善原本紧张或破裂的人际关系，使个体从消极情绪的泥潭中挣脱出来，拥抱更多的积极情绪。这种转变不仅体现在情绪层面，更深刻地影响着个体的心理状态与生活质量。最后，鼓励大学生主动享受这些由宽恕带来的积极体验。通过撰写日记、与亲朋好友分享心得等方式，将这些宝贵的体验记录下来，形成一本属于自己的"宽恕日记"。这种记录过程，实际上也是对宽恕益处的一次次确认与强化，有助于大学生逐渐建立起对宽恕的深刻信任与依赖。随着宽恕后积极体验的不断积累，大学生将愈发感受到内心的愉悦与幸福感，这种身心愉悦的状态将成为推动他们持续实践宽恕的强大动力。当大学生真正体会到宽恕所带来

的种种益处时，他们便会在日常生活中更加自觉地运用宽恕的眼光来处理人际矛盾，从而有效提升其宽恕意愿与宽恕能力。这一过程不仅有助于个体的心理健康与成长，更能为构建和谐的人际关系与社会环境贡献积极力量。

6.2　发掘优秀品质，培育积极的人格特质

人格，是一个人所具有的稳定的倾向性与心理特征的统一体。人格作为一种结构体系，决定着人对外来刺激的感知、评价与取舍。随着大学生年龄的不断增长和生活阅历的日益丰富，他们对现实世界逐渐形成了稳定而清晰的态度，并在日常生活中展现出习惯化的行为模式，进而逐步塑造出独具特色的人格特征。人格完善的大学生往往表现出高宜人性与高度的情绪稳定性，这使他们在日常生活中较少触发伤害性事件。即便在不经意间对他人造成了伤害，他们也能够迅速而真诚地向他人道歉，并寻求宽恕，从而有效地维持和谐的人际关系。积极心理学领域的研究进一步强调了积极的人格特质对于个人成功的重要性，认为诸如勇气、勤奋、创造力、专注力以及正直等二十四种核心人格特质，是构成个人成功不可或缺的基石。值得注意的是，个体并非被动地接受这些积极的人格特质，而是可以通过自我认知和主动练习来识别并发展自身所具备的积极特质。通过后天的不懈努力，个体能够不断增强自身内在的、持久的积极力量，进而在人生道路上取得更加辉煌的成就。此外，大量文献研究均指出，人格特质在宽恕的形成过程中扮演着至关重要的角色。因此，对于教育工作者而言，通过有效的途径塑造大学生的积极人格，无疑是一个提升其宽恕水平、促进其人际关系和谐发展的重要策略。这要求我们不仅要关注大学生对于知识、技能的学习，更要重视其人格成长与心理健康，为他们提供全方位的成长支持。我们可以从以下几个方面培养大学生积极的人格。

6.2.1 加强中国传统文化教育，树立正确的宽恕观

宽恕，作为中华民族悠久历史中熠熠生辉的传统美德，一直以来都被视为个体道德修养不可或缺的关键要素，并构成了我国处理人际关系与修身养性的重要指导原则。罗国杰在《中国传统道德》（规范卷）中指出，宽恕是中国传统道德中十分重要的一个规范，是处理个人与他人道德关系的基本态度和要求，是为人处世的基本准则。傅宏在其所撰写的《中国人宽恕性情的文化诠释》一文中对中国人的宽恕性情进行了深刻的文化阐释，他从儒家宽恕观、中国古代民间的宽恕故事、宽恕谚语、宽恕格言、宽恕与忠、宽恕与仁等向度进行了一番系统文化考证，明确提出了中国传统文化中有宽恕的文化传统和对宽恕的独特理解和阐释，中国人的宽恕心理在中国历史文化的场域中具有独特的历史内涵。《左传·隐公十一年》中的"恕而行之，德之则也，礼之经也"等经典论述，不仅彰显了"忠""恕"等概念的重要性，还揭示了"善""义""礼""仁"等理念与宽恕之间的紧密联系。其中，"善"与"仁"构成了宽恕的坚实基石，而"忠"与"恕"则最接近宽恕的本质，它们共同体现了中华文化的精髓。同时，"礼"与"义"作为调节人类社会行为的重要准则，确保了社会的和谐与稳定。由此可见，宽恕在中国文化中拥有着丰富的底蕴和深远的意义，它不仅是维护社会稳定、促进人际和谐的基石，也是构建良好人际关系的重要桥梁。为了加强大学生对宽恕观念的理解与认同，我们可以从以下几个方面入手。首先，选取历史文化中典型的宽恕榜样，为大学生提供学习的典范。中国传统文化源远流长，蕴含着丰富的宽恕故事和典范人物，比如"负荆请罪""张英家书"等宽恕典故。我们可以通过引导大学生学习这些典故，让他们认识到宽恕不是舶来品，而是亘古有之的。其次，鼓励大学生参加探访历史人物故居、观赏传统文化表演等社会实践活动。这些活动不仅能够让大学生亲身感受到中国传统文化的独特魅力，也能帮助他们深入理解历史人

物及其背后蕴含的"忠""恕""仁"等核心价值,还能激发他们对传统文化的浓厚兴趣和自豪感,进而使他们在情感上产生共鸣,领悟人生真谛与理想价值。最后,强调对传统文化中宽恕理念的理性反思,引导大学生认识到宽恕本身就是一个复杂的命题,并非无原则的容忍或妥协,而是在具体情境中权衡利弊、明辨是非后做出的智慧选择。因此,鼓励大学生进行深入的理性思考,使他们可以更加清晰地认识到宽恕的复杂性与多样性,从而更加明智地运用宽恕这一美德。

6.2.2 积极弘扬正能量,强化人文关怀机制

学校应将大学生的情感需求与个人发展置于重要位置,充分尊重其独立人格,努力营造一个既尊重又关怀的校园氛围。这样的环境不仅有助于减少人际冲突的发生,还能在冲突发生后促进双方以宽恕的心态去调和关系。学生管理者作为掌握大学生心理动态的关键角色,应经常深入大学生群体,密切关注其行为表现,尊重其个性发展,做学生的"知心姐姐",让每一位大学生都体验到爱与温暖,为大学生营造一种尊重、理解与接纳的温暖氛围,从而增强大学生对学校的认同感。在引导大学生深刻领悟宽恕的真谛时,我们应澄清一个误区:宽恕并非软弱或逃避的代名词,而是一种积极面对问题、寻求解决方案的智慧体现。它代表着在面对冲突与挑战时,能够主动寻求和解与重建,以更加开放和包容的心态去解决问题。这种态度背后,蕴含着深厚的情感力量——坚强和爱,它使我们在面对不公与伤害时,仍能保持内心的平和与高尚。我们需让大学生理解"宽则得众""化干戈为玉帛"等道理,当面对既成事实、无法挽回的结果时,一味地沉浸在悔恨与愤怒中也无济于事,只会加剧内心的痛苦与挣扎。因此,我们鼓励大学生学会善待自我、宽容他人,给予彼此改过自新的机会,从而摆脱怨恨的束缚。定期与大学生进行深入的谈心交流,了解他们

的心理需求与困扰。一旦发现矛盾初现端倪，便迅速介入，采取有效措施，力求将潜在的伤害扼杀在萌芽状态。再者，构建系统的宽恕课程体系。国外有学者以"宽恕教育有利于降低愤怒水平"为课程设计理念，设计出一套包括4个阶段、20个单元的宽恕教育课程，对授课对象进行一年干预后发现，其愤怒水平显著降低。学校可借鉴这一经验，结合教育教学规律和大学生的身心发展特点，针对不同年龄段的大学生，开设宽恕教育课程，探索创新的教学方式。同时，将宽恕教育融入生命教育、品德教育、心理健康教育等课程之中，扩大受众范围，因势利导、循序渐进地推进宽恕教育。在课堂教学中，教师可以详细地讲解宽恕的概念、宽恕的意义以及宽恕对心理健康、幸福感等的影响，还可以向大学生播放关于宽恕等主题的影像资料，将大学生带入真实的情境中，使大学生身临其境，随着视频情节去思考，也可借鉴美国心理学家柯尔伯格的道德故事两难法。通过制造道德困境情境引发大学生思考，在该情境下有哪些解决困难的途径、当事人是否应该被宽恕等问题。在宽恕教育的深入实施中，教师可以唤起大学生对过往伤害事件的回忆，并引导他们以更加宽容和理解的心态去面对。首先，教师鼓励大学生回忆冒犯者诸如家庭环境、受教育程度、童年经历、个人习惯以及性格特征等背景信息，并鼓励大学生挖掘出冒犯者做出伤害行为背后的原因，引导大学生找到原谅的切入点，帮助其逐步放下怨恨。其次，教师要引导大学生转变对冒犯者的态度。帮助大学生复原伤害事件情境，同时大声表达出自己的不满、愤怒等情绪，然后做出和解、让步，并客观地思考冒犯者是处于怎样的情境下做出了伤害性事件，帮助大学生改变对冒犯者的评判，重构对冒犯者的认识，在负面归因中找到积极的意义。如此，事件可作为一面镜子，提醒个体自身还有哪些不足，反省自己在处理人际关系时应该注意哪些问题。或许冒犯者在当时的情境下并无恶意，也许他只是从自身利益出发做出的行为选择（若自己在那样的情境下，也可能会做出同样的抉择）。校园人际摩擦不断发生，一个重要原因就是大学生容易放大事件中的消极面，而忽视或低估了其中的积极意义。最后，将自己置身于他人的处境，设身处地地为他人着想，引起大学生对冒犯者的同情。教师在教学过程中，要始终用温暖的话语和耐心的指导，帮助大学生树立自信，并学会宽恕。

6.2.3 开展宽恕主题活动，优化自我认知

依据阿尔伯特·艾利斯的合理情绪疗法，引起人们不合理情绪及行为C的原因不是诱发性事件A，而是个体对该事件的信念和看法，即B。该疗法的核心理念是改变当事人对冒犯事件的认知，进而消减其负性情绪，改变其复仇等消极的应对方式，从而促进其心理健康。积极心理学倡导一种多元且乐观的问题归因视角，它认为任何问题的产生总是由各种因素导致的，其中有很多外在原因是我们无法预知和改变的。因此，当问题出现后，将焦点过度集中在已发生的原因上往往无益于问题的解决，故应转向探索如何以积极的心态去应对。

宽恕的本质是使个体的认知、情感、行为由消极到积极的转变。这一过程不仅是理论上的理解，更需在日常生活的点滴中加以实践与体验，从而真正实现内心的成长与升华。

首先，学校需精心策划并实施一系列以积极心理学为核心主题的团体辅导活动，这些活动围绕积极优势挖掘、积极情绪培养、积极应对策略学习、积极人际关系建立、积极成长促进以及积极组织氛围营造等多个维度展开。通过采取多元化、互动性强的教学方法，如深度剖析真实案例、生动有趣的角色扮演体验、启发思考的主题讨论、直观形象的情景剧表演以及富含哲理的电影赏析等，帮助大学生打破固有的片面思维框架，拓宽其视野与思维方式，学会在面对挑战与困境时调整心态，并积极寻找解决方案。角色扮演作为一种高效的人际互动提升训练技术，其核心在于通过模拟不同身份与情境，让个体亲身体

验并深入领会他人的内心世界与行为动机。这一过程使个体能够更加理解自己反应的适当性，提高个体的自我意识水平、移情能力，并调整以往的行为模式，使之更好地契合其社会角色的要求，从而在社交场合中获得新的社交技能。教师为大学生创造适合的道德场景，用设定好的伤害事件情景引导大学生宽恕，让大学生了解宽恕的行为模式并亲身体验。举例来说，在精心设计的角色扮演环节中，大学生将有机会分别扮演冒犯者与受害者的角色。通过模拟冲突场景，他们能够身临其境地感受并深入分析事件发生时双方复杂的心理变化轨迹。这种创新的、多角度且深层次的参与模式，为大学生提供了一个独特的视角转换平台，促使他们跳出自我局限，从不同维度和立场去审视同一个事件，进而对冲突事件进行再加工与重构。在此过程中，大学生不仅能够认识到原有认知中可能存在的偏见与不合理之处，还能够学会如何对这些事件给予更加公正、合理的解释，从而有效改变不合理的认知框架。参与这样的活动，大学生不仅能够在互动与合作中培养团队精神与协作能力，还能够塑造出乐观开朗的性格，从而学会摒弃自我中心的狭隘视角，转而以更加开放、包容的心态去理解和接纳不同的声音与观点。通过这样的角色扮演活动，大学生逐渐学会了如何正确评价自己和他人的过错与失误。他们开始意识到"塞翁失马，焉知非福"，每一次的挫折与失败都可能是成长的契机。因此，他们更加懂得宽恕他人，善待自己，学会在逆境中寻找自我成长的力量。在人与人交往的过程中，冲突是无法避免的。作为学生管理者，应当具备敏锐的观察力，及时发现并妥善处理学生之间的人际摩擦，并巧妙地将这些冲突视为教育契机，适时组织以宽恕为主题的班会活动。在这些班会教育活动中，学生管理者扮演着重要角色。学生管理者应引导大学生摒弃报复心理和怨恨情绪，转而采取更加积极、建设性的方式解决冲突，并对大学生的宽恕行为给予积极的评价、肯定与强化，使大学生认识到宽恕带来的诸如改善人际关系、减轻心理负担等积极效应。同时，教师还应鼓励冒犯者勇于正视自己的错误，以坦诚的态度向受害者表达歉意，以期寻求对方的谅解。这一过程不仅能够帮助冒犯者减轻内心的负罪感与压力，实现自我宽恕，还能够促进双方关系的修复与和解。另一方面，被宽恕者同样需要被引导以积极的方式回应对方的宽恕。在大学生亲身参与的人际交往实践与模拟场景中，他们能够深切感受到宽恕的魅力，自觉地接受和认同宽恕的价值。

其次，为了促进大学生的全面发展与健康成长，我们应当定期组织一系列主题鲜明的教育讲座，这些讲座涵盖了爱国主义教育、感恩之心培养、诚信体系建设、勤俭美德弘扬以及理想信念的树立等多个维度。这些多元化的教育活动，旨在深入挖掘和激发学生的内在潜能，引导他们形成积极向上的自我认知，从而在内心深处建立起稳固的自信心与实实在在的成就感。同时，这些讲座还着重于提升学生的情感智慧，特别是对于宽恕能力的培养，鼓励他们在面对挑战与冲突时，能够展现出更加宽容与理解的态度，从而不仅减轻个人心理负担，也有助于构建和谐的人际关系。

再次，为了深入推广宽恕理念，营造积极向上的校园文化氛围，我们应当充分利用校园内多样化的宣传媒介，形成全方位、立体式的传播网络。具体而言，策划并制作一系列以宽恕为主题的展板，这些展板不仅设计美观、内容丰富，而且能够深刻揭示宽恕对个人成长、人际关系乃至社会和谐的积极影响，吸引过往师生驻足观看，使其在潜移默化中受到影响。同时，校园内的电子显示屏也是传播宽恕理念的重要窗口。我们可以定期更新显示内容，播放精心制作的宽恕主题短片、动画或励志格言，利用动态视觉效果和简洁有力的文字，生动地展现宽恕的力量，激发大学生的共鸣与行动意愿。此外，校园官方网站及社交媒体平台也是不可忽视的宣传阵地。我们可以开设宽恕教育专栏，发布系列文章、案例分析、专家访谈等内容，深入探讨宽恕的内涵、实践方法及其对社会生活的意义，鼓励大学生积极参与讨论，分享个人宽恕经历与感悟，形成线上线下相结合的互动模式，进一步拓宽宽恕理念的传播范围与深度。最后,积极开展职业技能展示周、社团文化节、"最美宿舍"评比等活动,激发学生的关爱之情,强化团队协作与互助精神。比如,职业技能展示周不仅为学生提供了一个展示自我、交流技艺的平台,更重要的是,通过团队合作完成项目展示,学生们能够在实践中深刻体会到相互支持、协同作战的重要性,从而在心中种下团队协作的种子。此外,社团文化节也是强化互助精神的有效途径。鼓励并支持各类学生社团举办特色鲜明的文化活动,如文艺汇演、公益服务、学术讲座等,不仅能激发学生的兴趣爱好,拓宽视野,更重要的是,在活动的筹备与执行过程中,社团成员间的相互帮助、共同进步,将有效增强他们的集体荣誉感和归属感,进一步巩固互助精神的基础。同时,开展"最美宿舍"评比活动,也是培养学生关爱之情、促进宿舍和谐氛围的创意举措。通过评选环境整洁、氛围温馨、成员间关系融洽的宿舍,我们不仅能够表彰那些在宿舍文化建设方面作出突出贡献的学生群体。更重要的是,通过树立正面典型,可以激励更多学生关注宿舍环境,珍惜室友情谊,学会在日常生活中给予他人关怀与帮助,共同营造一个温馨和谐的学习生活环境。

综上所述,通过深化宽恕主题实践活动,学校不仅能够帮助大学生优化自我认知,提升宽恕水平,还能引导他们将宽恕理念融入日常生活,使宽恕理念成为他们成长道路上的宝贵财富。这样的教育实践,无疑将为大学生的心灵成长与全面发展奠定坚实的基础。

6.3 创新家校社共育机制,构建积极的支持系统

积极情绪的体验与积极人格特质的展现,都离不开和谐融洽的环境。积极心理学强调,个体并非孤立无援的岛屿,而是根植于复杂的社会关系网络之中,其成长与发展无时无刻不受周围客观环境的影响。家庭、学校与社会,这

三者构成了人类生存与发展的三大支柱。环境对于大学生的全面成长而言，它们各自扮演着不可或缺的角色。家庭作为大学生情感与性格塑造的起点，为其提供了最初的温暖港湾与坚实后盾。在这里，大学生学会了爱与被爱，形成了最初的人际交往模式与价值观念。学校则是大学生知识积累与能力提升的主阵地，为他们搭建了系统学习的平台与探索未知的桥梁。在知识的海洋中遨游，大学生不仅拓宽了视野，还培养了独立思考与解决问题的能力。而社会，则是大学生将所学知识付诸实践、实现全面发展的广阔舞台。在这里，他们面对复杂多变的社会现象与人际关系，不断挑战自我、超越自我，最终实现个人价值与社会价值的双重提升。根据教育影响协同性的原则，家庭、学校与社会这三大环境应当紧密配合、相互支持，共同为大学生的成长编织一张全方位、多层次的支持网络。家庭应继续发挥其情感滋养与价值引导的作用，学校则需强化其知识传授与能力培养的职能。同时，社会也应为大学生提供更多的实践机会与成长平台。三者携手并进，才能汇聚成一股推动大学生茁壮成长的强大合力，助力他们在人生的道路上勇往直前，不断攀登新的高峰。

6.3.1 以家庭教育为基础，营造良好的教育氛围

家庭教育作为个休成长的基石，其重要性不言而喻。《中华人民共和国家庭教育促进法》自 2022 年 1 月 1 日起正式施行，从法律层面凸显了家庭教育对于国家和社会发展的深远意义。家庭，作为孩子接触世界的首个环境，不仅是他们最初获得幸福感和安全感的重要源泉，更是塑造其人格特质、价值观及行为习惯的关键场所。父母作为孩子的启蒙导师，其言行举止、情感表达以及所营造的家庭氛围，都在潜移默化中影响着孩子对宽恕理念的理解与实践。在充满爱的家庭氛围中成长的孩子，他们更懂得尊重和理解他人，能够建立起更为积极的人际交往方式，往往能收获更多的友谊。具体可以从以下几个方面着

手。首先,营造平等尊重的家庭氛围。古语云:"家和万事兴。"和谐融洽的家庭环境对子女的成长具有潜移默化的正面影响。父母应营造平等尊重的家庭氛围,经常与孩子真诚交流沟通,倾听他们的心声,理解他们的需求,给予他们更多的关爱与支持,而非责备与批评。有研究表明,经常性地对孩子表达鼓励与肯定,如"你能行""你真棒""相信自己"等正面言语,可以帮助孩子克服自卑与恐惧,勇于面对挑战。同时,父母应适度调整对孩子的期望值。中国自古以来就有"望子成龙,望女成凤"的传统思想,这些传统思想往往给孩子带来无形的压力,可能会导致家庭氛围紧张,不利于孩子的心理健康。父母应以平常心看待孩子的成长,理解每个孩子都有自己的节奏与潜力,过高的期望反而可能阻碍孩子宽恕能力的提升。此外,父母作为孩子的第一任老师,其榜样作用不容忽视。在日常生活中,父母应以身作则,展现出宽广的胸怀与包容的心态,面对冲突与冒犯时,选择宽恕而非报复。这种身教重于言传的力量将深刻影响孩子,促使他们形成宽恕的意识。通过日常生活中的点滴小事,不断强化宽恕这一美德,孩子将在潜移默化中学会设身处地为他人着想,做出积极的选择,为其宽恕品质的塑造奠定坚实的基础。为了进一步提升孩子的宽恕水平,父母可以充分利用日常生活中的事件,鼓励孩子了解和实践宽恕。例如,定期举办家庭分享会,围绕宽恕在社会交往中的核心价值进行深入讨论,让孩子在轻松愉快的氛围中感受宽恕的力量,从而自觉地规范自己的言行举止。通过这样的方式,孩子将在潜移默化中提升自身的宽恕水平,学会以更加宽容与理解的心态去面对生活中的挑战与冲突。最后,重视家校沟通。家长应主动与教师建立起紧密的联系,携手并进,共同关注孩子在身心健康、道德品质、知识技能等多个维度的全面发展。通过加强家校之间的信息交流与资源共享,家长可以更加全面地了解孩子在学校的表现与成长情况,而教师也能从家长那里获取孩子在家庭环境中的行为模式与心理状态,从而双方能够更有针对性地制订教育策略,为孩子提供更为精准与全面的支持。这样的合作模式,有利于促进孩子在德、智、体、美、劳等多个领域均衡发展，为其未来的成长之路奠定坚实的基础。

6.3.2 以学校教育为主导，健全学生工作体系

首先，提升教师的宽恕水平。鉴于大学生在校园的生活占据了大量时间，并与教师保持着紧密的联系，教师的言行举止无疑会对他们产生深远的影响。因此，教师不仅应具备扎实的专业知识，更应成为道德的楷模，展现出崇高的职业道德与宽广的胸怀。这不仅是现代教育理念的体现，也彰显了师生平等、教学相长的教育哲学，即所谓"正人先正己"。为了有效提升教师的宽恕水平，学校应当给予高度重视，并积极采取措施。一方面，定期组织教师参加师德师风、思想政治教育以及心理学知识等方面的培训，帮助他们深化对宽恕美德的理解，提升师德修养，并掌握有效的宽恕教育方法。通过这些培训，教师能更好地理解宽恕的价值，学会如何在教育实践中运用宽恕原则，以更加包容和理解的心态去面对学生。另一方面，教师在大学生宽恕品质的培养过程中应充分发挥自身的榜样作用。他们应以身作则，展现出与人为善的行为模式，成为学生效仿的典范。正如古人所言，"以其昭昭，使人昭昭"，教师只有自身光明磊落、宽容大度，才能引导学生走向宽恕的道路，避免出现"以其昏昏，使人昭昭"的尴尬境地。教师的言传身教会让大学生逐渐学会以宽恕的心态面对生活中的冲突与挑战，培养出更加积极的人格特质。有研究结果表明，那些经常获得他人宽恕的人，更倾向于以宽容的态度去面对日后遭遇的不公平或不友善行为。因此，教师在教育教学工作中，应秉持宽恕教育的理念，用宽广的胸襟去包容犯错误的大学生，用爱去温暖和感化他们，从而让大学生从心理上认同宽恕，培养起宽恕的美德。通过持续的正面引导，帮助学生逐步将宽恕内化，在心理上形成对宽恕的深刻认同，并在日常生活中自觉践行宽恕的行为，最终培

养出稳固而深厚的宽恕美德。其次，营造公平正义的和谐校园环境。有研究表明，不公正的环境容易激发个体的报复心理，因此，为大学生营造一个公正的学习和生活环境显得十分有必要。这样的环境不仅能够增强他们的公正体验，提升其获得感水平，还有助于他们树立正确的人生观、价值观和道德观，增进彼此间的信任与理解，引导他们形成积极的应对机制，有效提升其宽恕水平。应制订清晰明确、全面细致的规章制度，确保每位师生都能在一个公平的环境中学习与生活。值得注意的是，规章制度的执行过程须让每一位师生都能清晰地了解到规则的具体内容与执行标准。同时，学校应采用多元化的评价方式，全面、客观地考量大学生的综合素质，关注他们的学习成果，更应重视其学习过程中的努力与进步，注重实施过程性评价，为学生提供及时、具体且具有建设性的反馈，帮助他们明确自身的优势与待改进之处。此外，学校还应成立专门的监督机构，鼓励大学生积极参与校园监督工作，赋予他们表达意见与建议的权利，定期对校园的公平公正情况进行全面评估。针对评估中发现的问题与不足，学校应及时采取措施加以完善，确保校园环境的持续公正与和谐，为大学生的全面成长提供有力保障。通过这样的努力，不仅能构建一个更加公平正义的校园环境，还能有效促进大学生宽恕美德的培养，为他们的未来发展奠定坚实的基础。

6.3.3 以社会教育为依托，深化教育成果

我们每个人都是社会发展不可或缺的一员，每个人的成长与发展都深受社会环境的影响。当前，随着新媒体技术的迅猛发展，特别是互联网技术的广泛应用，抖音、微信、微博等社交平台及网络社区论坛已成为大学生获取信息、交流思想的关键渠道。在这一背景下，社会各界，尤其是政府部门，承担着引导大学生形成积极宽恕心态的重要职责。政府应充分利用其广泛的影响力，将

宽恕理念深度融入社会文化建设之中，通过公众号、微博等多种媒介形式，广泛传播宽恕的正面价值，营造宽容和谐的社会氛围，让公众在日常生活中随时随地都能感受到宽恕之美，深刻理解并相信宽恕的力量。同时，政府可以发掘和树立具有影响力的宽恕典型，激励大学生在面对人际冲突时勇于做出宽恕选择，而非遇事胆小懦弱、犹豫不决。这样的方式，可以有效促进大学生宽恕习惯的形成，为他们的成长之路注入更多的正能量。树立宽恕榜样，旨在让大学生深刻认识到宽恕不仅是对他人的慈悲，更是自我成长与心灵解脱的重要途径。为了更有效地传播宽恕理念，公共媒体，特别是政府媒体，可以积极打造专业化的宽恕教育平台，并以视频、图文等多种形式，深入浅出地阐释宽恕的内涵、实践过程、心理原理及不同情境下的应用模式。这样的传播方式直观生动，易于被大学生接受并内化于心。同时，展示反面教材，特别是那些因过分计较、缺乏宽恕而导致法律纠纷和社会冲突的真实案例，可以让大学生直观感受到锱铢必较可能带来的严重后果，从而在内心深处形成约束，自觉选择宽恕的道路。这种警示教育有助于在全社会范围内营造一种"宽恕为荣、计较为耻"的良好风尚。在推动宽恕知识普及的过程中，应采取"由点及线，由线及面"的策略，先从个体入手，通过树立典型、分享经验等方式，激发大学生的共鸣与行动；进而扩展到群体层面，通过社团活动、班级讨论等形式，促进宽恕理念的交流与深化，最终辐射到整个社会，形成广泛共识与积极实践的氛围。这一过程不仅有助于大学生树立正确的世界观、人生观、价值观，还能进一步巩固家庭与学校教育在宽恕培养方面的成果，为社会的安定和谐、积极健康发展贡献重要力量。通过这样的努力，我们不仅能够促进个体心灵的成长，更能为构建一个更加宽容、和谐的社会环境奠定坚实的基础。

总体而言，培养大学生的宽恕意识并提升其宽恕水平，并非单凭个人、学校、家庭或社会某一方面的孤军奋战所能达成，而是需要这四个关键维度紧密协作、相互支撑、互为补充的综合性努力。只有当这四个方面形成合力，才能促使大学生在内心深处真正接纳并内化宽恕的理念，进而在日常行为中学会运用积极、有效的方式来应对和化解生命中难以避免的痛苦与挑战，使他们在面对复杂多变的人生境遇时，能够更加从容不迫、智慧地处理人际关系中的冲突与矛盾，促进个人与社会的和谐共生。通过这样全面而深入的教育方式，有望培养出既具备深厚人文关怀，又能够积极贡献于社会进步的优秀大学生群体。

结　　语

宽恕教育在当代教育体系中具有重要的意义，学校、家庭、社会以及大学生自身都应重视提升宽恕能力。培养宽容、礼貌的待人态度，减少斤斤计较的行为，不仅能够促进个体的心理健康，还能为他人和集体带来积极的影响。每个人的内心都可能存在难以释怀的伤痛，这些心结不仅影响着我们的情绪，也在某些情况下制约着我们的成长与发展。面对这些伤痛，我们需要学会以理性和平和的方式处理冲突和冒犯事件，以宽恕之心对待他人和自己。

宽恕并非意味着妥协或默默承受苦楚。相反，它体现了一种理解"人皆有瑕"的睿智，是对已发生伤害的接纳，并促使我们从新的角度审视冒犯者及伤害事件。宽恕使个体得以从负面情绪的枷锁中释放，达成自我与他人的和解。这不仅是向他人展现善意，更是为自己铺设通往美好生活的道路。宽恕能帮助个体挣脱过往的阴霾，重拾内心的宁静与自由，同时也为社会的和谐稳定提供重要支撑。

宽恕也并非毫无原则地忍让。《论语·宪问》，子曰："何以报德？以直报怨，以德报德。"这句话表明宽恕是有一定尺度的，而不是无原则地容忍退让。无原则的宽恕有可能被冒犯者不当利用，进而导致人际关系的紧张与冲突。有研究指出，当受害者受到较为严重的伤害时，宽恕就有可能变成冒犯者滥用人际关系的托词，成为人际危机的源头（Katz，2004）。因此，宽恕不得与社会道德及法律原则相悖。在现实生活中，宽恕的应用需依据实际情境灵活调整。对于日常的小争执与误解，宽恕是缓解冲突、维系和谐的得力工具。然而，在面对严重伤害事件或对社会道德与法律造成严重违背的行为时，宽恕的尺度需更加严格。当伤害事件严重或社会道德与法律受到严峻考验时，我们必须坚守社会道德与法律作为指导原则。

主要参考文献

岑国桢, 1998. 从公正到关爱、宽恕——道德心理研究三主题略述 [J]. 心理科学（2）：163-166.

陈浩彬, 苗元江, 2012. 幸福与幸福的教育——基于积极心理学幸福观的思考 [J]. 教育理论与实践（7）：45-48.

陈雅彬, 2013. 大学生自我宽恕与其归因、自尊的关系研究 [D]. 福建师范大学.

费杉杉, 潘洁, 2016. 大学生宽恕心理发展现状调查与对策研究——以徐州地区为例 [J]. 开封教育学院学报, 36（9）：175-176.

傅宏, 2002. 宽恕：当代心理学研究的新主题 [J]. 南京师大学报（社会科学版）（6）：80-87.

傅宏, 2003. 宽恕心理学理论蕴涵与发展前瞻 [J]. 南京师大学报（社会科学版）（6）：92-96.

傅宏, 2009. 中国人宽恕性情的文化诠释 [J]. 南京社会科学：57-62.

宫婷婷, 柳学知, 2024. "心流"融入高职劳动教育课程的思考探究 [J]. 教师博览（15）：4-6.

郝健强, 2019. 积极教练式管理对高校社团成员能力提升的研究 [J]. 太原城市职业技术学院学报（6）：32-34.

霍力岩，等，2021. 新时代积极心理学的内涵和特点新探——兼论对我国基础教育教学改革的启示［J］. 中国特殊教育（8）：86-90.

李金鑫，郭秀兰，2019. 积极心理学视域下企业员工激励机制的创新［J］. 中国市场（13）：94-95.

李仁山，2011. 大学生自我宽恕、应对方式与睡眠质量的关系研究［D］. 福建师范大学.

李湘晖，2007. 大学生宽恕与心理健康的相关研究［D］. 南京师范大学.

李湘晖，王文忠，施建农，2003. 积极心理学：一种新的研究方向［J］. 心理科学进展（3）：321-327.

李晓溪，杨丽珠，2020. 大学积极心理学课程的双元互动教学模式改革实验研究［J］. 心理发展与教育，36（2）：184-192.

李颖，2022. 积极心理学视角下企业人力资源管理变革创新［J］. 商场现代化（9）：55-57.

梁社红，等，2024. 积极心理团体干预对高校心理委员胜任力与心理健康的提升［J］. 中国健康心理学杂志，32（2）：301-307.

梁媛，2012. 大学生自我宽恕、情绪与主观幸福感的关系研究［D］. 哈尔滨工程大学.

刘林鹰，2006. 论宽恕［J］. 怀化学院学报（自然科学）25（11）：25-26.

罗春明，黄希庭，2004. 宽恕与心理健康［J］. 中国心理卫生杂志（10）：742-743+737.

罗国杰，1995. 中国传统道德（规范卷）［M］. 北京：中国人民大学出版社，126.

罗良针，余正台，2017. 基于 CiteSpace 的国内积极心理学研究演进路径分析［J］. 西南民族大学学报（人文社科版），38（2）：214-220.

孟万金，2008. 积极心理健康教育［M］. 北京：中国轻工业出版社.

苗元江，2003.心理学视野中的幸福——幸福感理论与测评研究［D］.南京师范大学.

苗元江，余嘉元，2003.积极心理学：理念与行动［J］.南京师大学报（社会科学版）（2）：81-87.

任俊，2006.积极心理学思想的理论研究［D］.南京师范大学.

宋倩，2020.新形势下积极教练技术在社团管理中应用的思路及途径［J］.现代职业教育（6）：92-93.

王静，等，2021.当前积极心理学变革的新趋向及理论价值［J］.心理学探新，41（4）：291-296.

王青华，2011.社会幸福感心理结构的跨群体研究［D］.南昌大学.

王琼，2014.大学生自我宽恕倾向对人际适应性的影响［D］.南京师范大学.

王卫，史锐涵，李晓娜，2017.基于愉悦体验的在线学习持续意愿影响因素研究［J］.中国远程教育（5）：17-23.

徐晓娟，2009.大学生宽恕行为与人格的相关研究［J］.沙洋师范高等专科学校学报，10（5）：19-22.

叶新东，陈卫东，2011.多屏显示创建教学的愉悦体验空间［J］.电化教育研究（10）：55-60.

袁小帆，2010.大学生人格、主观幸福感与宽恕的关系研究［D］.曲阜师范大学.

张海霞，2009.大学生宽恕倾向与自尊、主观幸福感的关系［D］.华中师范大学.

张笑，2011.自恋人格、自我宽恕与主观幸福感的关系研究［D］.广州大学.

赵瑞雪，2018.大学生寻求宽恕心理教育研究［D］.南京医科大学.

郑祥专, 2009. 积极心理学视角下的家庭积极教养方式探新 [J]. 三明学院学报, 26 (3): 332-335.

Diener E, et al., 1999. Subjective Well-Being: Three Decades of Progress [J]. Psychological Bulletin, 125 (2): 276-302.

附　录

调查问卷

第一部分：基本信息问卷

以下是关于您个人基本资料的问题，请根据您的实际情况选择答案，并在相应的圆圈上打"√"。

一、目前在读学历：1.○硕士生　2.○本科生

二、您的性别：1.○男　2.○女

三、您的年龄：

四、您所学的专业性质是：1.○文科　2.○理科　3.○工科　4.○无

五、您的年级：1.○研一　2.○研二　3.○研三　4.○大一　5.○大二　6.○大三　7.○大四

六、您是否担任学生干部：1.○是　2.○否

第二部分:宽恕量表

本问卷是关于宽恕心理的描述,请您仔细阅读下面每个题目,然后根据自己的实际情况对每个题目做出评定,并将相应评价的编号写在后面。

请用下面的评价尺度,描述您的情况(1~9题)

①	②	③	④	⑤	⑥	⑦
明显不符合	不符合	有些不符合	介于中间	有些符合	符合	明显符合

1. 我会因为自己所做的错事而怨恨自己
2. 一旦我犯了错误,我就很难接纳自己
3. 我会因自己产生不好的想法、说错话或做错事而不停地责备自己
4. 对那个我认为做了错事的人,我会一直惩罚他
5. 随着时间的推移,我会原谅别人曾经犯过的错误
6. 对那些曾经伤害过我的人,我始终没有好脸色
7. 尽管别人曾经伤害过我,但我总能把他们当成好人看待
8. 如果别人伤害了我,我就会一直认为他们不好
9. 我最终能忘却别人带给我的伤痛

第三部分:综合幸福问卷(MHQ)

本部分的各个问题是关于幸福感的描述,共分为A、B和C三个小部分。请您根据自己的实际情况做出选择。

A: 请用下面的评价尺度，描述您的情况 (A1 ～ A38 题)

①	②	③	④	⑤	⑥	⑦
明显不符合	不符合	有些不符合	介于中间	有些符合	符合	明显符合

A1 我的生活大多数方面与我的理想吻合

A2 我的生活状况良好

A3 我对我的生活满意

A4 到目前为止，我得到了我在生活想要的重要的事情

A5 回首往事，能够感受到生活的意义和人生的圆满

A6 了解并接受自己

A7 能够根据自己的意愿选择行为方式，而不受外界影响

A8 不断超越自我，取得更大、更多的成就

A9 理解自己所做事情的价值与意义

A10 我可以自由地决定我的生活

A11 我能够自由地表达我的思想与感情

A12 在我的生活中，经常有人约束我的行为 (反向计分)

A13 在我的生活中，我能感觉到我的存在。

A14 在我的生活中，并没有太多的机会让我自己做决定 (反向计分)

A15 我觉得我是一个有价值的人，至少与别人一样

A16 我觉得我具有许多优良的品质

A17 我与大多数人一样，能够把事情做好

A18 我对自己持肯定态度

A19 总的来说，我对自己比较满意

A20 我充满活力与激情

A21 我常常感觉到我的精力旺盛好像要爆发出来

A22 我的精力非常充沛，精神状况很好

A23 我期望着投入每一天新的生活

A24 我的感觉很灵敏，情绪很活跃

A25 我浑身上下充满着力量

A26 我拥有可以依靠的朋友

A27 我拥有可以信赖的朋友

A28 我拥有亲密、持久的朋友

A29 在人们需要的时候，不计报酬地提供帮助

A30 为社会美好而努力奋斗

A31 为世界变得更加美好而工作

A32 帮助人们改善他们的生活状况

A33 在别人需要的时候帮助他们

A34 保持身体健康

A35 拥有健康与活力

A36 保持良好的健康水平

A37 没有疾病

A38 保持健康的生活方式

B：请使用下面的评价尺度，评估您最近1个星期的情绪情况（B1～B12题）

①	②	③	④	⑤	⑥	⑦
明显不符合	不符合	有些不符合	介于中间	有些符合	符合	明显符合

B1 愤怒

B2 高兴

B3 耻辱

B4 爱

B5 忧虑

B6 愉快

B7 嫉妒

B9 感激

B8 内疚

B10 快乐

B11 悲哀

B12 自豪

C：使用下列标准，评价在整个生活中您的幸福/痛苦体验

①	②	③	④	⑤	⑥	⑦	⑧	⑨
非常痛苦	很痛苦	痛苦	有些痛苦	居于中间	有些幸福	幸福	很幸福	非常幸福

第四部分：社会幸福感

本问卷是关于社会幸福感的描述，请您仔细阅读下面每个题目，然后根据自己的实际情况对每个题目做出评定，并将相应评价的编号写在后面。

请用下面的评价尺度，描述您的情况（1～20题）

①	②	③	④	⑤	⑥	⑦
明显不符合	不符合	有些不符合	介于中间	有些符合	符合	明显符合

1. 社会正在不断发展进步着

2. 社会在不断改善我的生活状况

3. 世界正在变得越来越美好

4. 我对社会的发展充满信心

5. 我并不认为这个世界很复杂

6. 我能理解世界上发生的事情

7. 我对社会上所发生的很多事感兴趣

8. 我了解这个社会运行的规则

9 我和其他人保持着很亲密的关系

10. 这个社会令我感到舒适。

11. 这个社会让我感到安全感

12. 我总是能得到别人的关怀

13. 我相信人性是善良的

14. 我赞同"人人为我，我为人人"

15. 人们彼此之间应该相互信任

16. 人无完人，我们不能苛责别人

17. 我为社会创造着价值

18. 我的日常活动是有意义的

19. 我对这个社会是有积极意义的

20. 我为这个社会做出了自己的贡献